ANQUAN WENMING SHIGONG BIAOZHUNHUA SHOUCE

风电工程系列标准化手册
安全文明施工标准化手册

本书编委会　编

中国电力出版社
CHINA ELECTRIC POWER PRESS

内 容 提 要

《风电工程系列标准化手册》共分为 4 个分册，分别为《质量工艺标准化手册》《安全文明施工标准化手册》《风电场安全生产标准化手册》《环保水保标准化手册》。本系列手册采用图文并茂的形式，简单清晰地描述了质量、文明施工、职业健康安全、环保水保等技术内容，更好地向风电建设、生产、运行、维护企业人员传递法律法规、标准规范的要求。

《风电工程系列标准化手册 安全文明施工标准化手册》从风电工程建设现场的基本安全管理要求和专项作业安全管理要求着手，以风力发电工程建设全过程安全管控为主线，分别从基本安全要求、专项作业安全管理要求、办公生活区安全标准化要求、现场应急、事故调查、安全文明施工费用和安全档案资料 7 个方面，说明了风电工程建设过程中的安全管理要求。

本系列手册可作为风电场建设、施工、生产、运行、维护、质量、安全、环保水保管理和技术人员培训教材使用，也可供风电专业师生及从事风电行业的科研、管理、技术人员学习使用。

图书在版编目（CIP）数据

风电工程系列标准化手册. 安全文明施工标准化手册 / 北京天润新能投资有限公司组编. —北京：中国电力出版社，2018.10（2021.4重印）
ISBN 978-7-5198-2380-1

Ⅰ. ①风… Ⅱ. ①北… Ⅲ. ①风力发电–电力工程–工程施工–安全管理–标准化–手册
Ⅳ. ①TM614-65

中国版本图书馆 CIP 数据核字（2018）第 204516 号

出版发行：中国电力出版社
地　　址：北京市东城区北京站西街 19 号（邮政编码 100005）
网　　址：http://www.cepp.sgcc.com.cn
责任编辑：孙　芳　郑晓萌
责任校对：黄　蓓　李　楠
装帧设计：赵姗姗
责任印制：蔺义舟

印　　刷：北京瑞禾彩色印刷有限公司
版　　次：2018 年 10 月第一版
印　　次：2021 年 4 月北京第二次印刷
开　　本：710 毫米×1000 毫米　16 开本
印　　张：7
字　　数：125 千字
定　　价：90.00 元

版 权 专 有　侵 权 必 究

本书如有印装质量问题，我社营销中心负责退换

编 委 会

主　任　薛乃川

副主任　李在卿　姚秀萍　胡　江　吴玉虎

主　编　李在卿

编　委　刘晓斌　梁建勇　王成鹏　李健伟　程美龙

　　　　陈　明　王　瑛　周金明　蔡　智　王传忠

　　　　崔凤军　岳　刚　刘玉顺　张穆勇　黄　峰

序

    风力发电行业在我国经过十余年的快速发展，已进入持续稳健发展阶段，随着限电、限批等政策因素和国内风电发展趋势的影响，风力发电战略布局开始转向华东、南方等山地地区，这些地区多为山地地貌，生态恢复、项目建设难度、安全风险较大，给风电建设过程质量、安全、环境管理带来了更高的挑战。

    随着电力体制改革帷幕的拉开，电力建设质量管理进入"新技术、新工艺、新流程、新装备、新材料、低能耗及低排放"的新常态发展趋势，对风电场质量要求更加严格。为适应经济新常态，中央政府、国务院要求加快实施创新驱动发展战略，深化体制机制改革，明确并逐步提高生产环节质量指标。国务院发布了《质量发展纲要 2011—2020》，中共中央、国务院发布了《关于开展质量提升行动的指导意见》，国家能源局计划且已经发布了多项风力发电建设的新标准、新规范等，为质量提升提出了新的目标和更高要求。《中国制造 2025》提出的五项基本方针中，"质量为先"是其中之一，特别强调了提升质量水平是强国的基本战略要求。对于新能源企业而言，生产优质电力产品是强企的必由之路；是铸就精益、追求卓越的强力保证，是发展百年老店、树立行业品牌的基础；是企业屹立潮头的根基。相对于传统能源，风力发电由于起步晚、发展快的现状，相关质量管理和技术经验相对零散，需要通过标准化的方式进一步梳理沉淀，规范和统一工程建设质量的流程、工序、验收、标准及管控要点，全面促进优质资产的打造和形成。

    近年来，电力工程建设安全事故频发，风电工程建设安全事故也时有发生，经过分析事故原因，有违章指挥、违章作业、盲目赶进度和压缩工期等违反电力工程建设的客观规律的诸多原因。为了加强安全生产工作，防止和减少安全事故发生，保障人民群众生命和财产安全，促进经济社会持续健康发展，全国人民代表大会常务委员会审议通过了关于修改《中华人民共和国安全生产法》的决定，并于 2014 年 12 月 1 日颁布实施。新法规对安全生产管理工作提出了更高的要求，由于风电吊装等属于安全高风险作业，安全管控要求更高，需要风电投资企业有一套完善的安全管控标准化做法，全面规范和强制性约束安全作业行为，坚守生命红线、坚持安全底线，保障人员生命和财产安全，实现本质安全。

    随着"史上最严"环保法的出台，国家及地方政府对生态保护力度空前，按照新的《建设项目环境保护管理条例》（国令〔2017〕682 号）、《关于发布建设项目竣工环境保护验收暂行办法的公告》（国环规环评〔2017〕4 号）、《水利部关于加强事中事后监管规范生产建设项目水土保持设施自主验收的通知》（水保〔2017〕365 号）等法律法规要求，建设项目环境保护、水土保持验收均采用由建设单位自主验收的方式，并及时将验收情况向社会公示，由之前的政府行政验收转变为现在的社会监督，政府监管方式的转变，给风电投资企业带来了前所未有的挑战，企业的环境责任和压力更大，要求项目建设主体在项目建设全过程中必须严格落实环水保"三同时"的各项措施，增强环境风险控制能力，全面履行"绿色发展"理念和要求，推动生态文明建设，实现经济、环境和社会的可持续发展。

标准化是指在经济、技术、科学和管理等社会实践中，对重复性的事物和概念，通过制订、发布和实施标准达到统一，以获得最佳秩序和社会效益的方式，是制度化的最高形式。本系列手册标准化管理是将法律法规、标准规程、管理制度、技术要求结合风电场开发建设运维特点，通过规范管理方式加以整合，形成流程规范化、标准统一化、要求清晰化、内容全面化的制式标准文件，是促进风电建设和运维质量、安全、环境管理成熟度及提质增效的良好工具。在新的发展形势下，对提升风电工程建设质量水平，保障人员生命、设备运行安全，推动绿色发展，规范风电场建设全过程标准化管理起到示范作用，对推动风电行业健康可持续发展具有重要意义。

天润新能安全质量环保团队在实践探索的基础上，将风电工程质量工艺、风电工程安全文明施工、风电工程环保水保施工和风电场安全生产的经验和要求上升为标准化手册，凝聚了团队多年的知识沉淀和经验总结。手册的编写有利于更好地向风电建设和生产运维企业传递法律法规、标准规范的要求。本系列手册采用图文并茂的形式，简单清晰地描述了质量、安全、环保和职业健康要求，特别适合于风电场建设和运维现场使用。中国电力出版社积极推动本系列手册的出版，将进一步促进风电行业全面提升质量安全环保管理水平，更好地履行行业的社会责任。我对本系列手册得以正式出版表示祝贺。

我希望本系列手册的出版能够给各风电投资、施工及相关企业和专业人员在质量、安全、环境管理方面提供指导和参考，为建成更多合规、优质、安全、绿色的风电场和"为人类提供更优质的绿色能源"做出贡献。

2018 年 10 月

推行安全生产标准化是《安全生产法》的基本要求。安全文明施工标准化管理旨在通过规范管理，促成安全管理制度化、安全设施标准化、现场布置条理化、机料摆放定置化、作业行为规范化、环境影响最小化，营造安全文明施工的良好氛围，是风电工程现场管理的重要组成部分，直接关系到作业人员生命健康、公司财产安全和企业品牌形象。

开展安全生产标准化，对于规范项目建设过程安全管理，有效控制职业健康安全风险，杜绝或减少各类安全事故的发生，实现本质安全具有重要意义。

风电工程施工作为高危作业，安全管理非常重要，面对高空坠落、物体打击、坍塌、起重伤害、触电、机械伤害等风险因素，只有推行安全施工标准化，才能避免事故发生。为了给风电建设行业提供一本有指导意义和实用的工具书，我们策划并编写了本手册。

本手册从风电工程建设现场的基本安全管理要求和专项作业安全管理要求着手，以风力发电工程建设全过程安全管控为主线，结合天润新能多年现场安全管理经验，描述了风电工程建设全过程中的安全管理要求，旨在让风电现场施工人员及相关项目管理人员对风电工程建设安全管理和安全要求有详细的了解和掌握。

天润新能一直高度重视风电工程项目安全管理工作，始终把安全文明施工标准化作为现场安全管理的根本，要求所有相关方全面开展安全生产标准化管理。

安全管理永远在路上，衷心希望本手册的出版能给风电工程建设安全管理带来启发，在规范员工行为、避免管理缺陷、安全氛围营造及和谐社会建设等方面起到积极的作用。我们愿"生命至上，安全为天"的核心理念家喻户晓、人人皆知，我们希望把"要我安全→我要安全→我会安全→我能安全"变为每个人风电建设者的自觉行动。

本手册由梁建勇主编和主要编写，李在卿、李健伟、刘晓斌、刘玉顺、王瑛、周金明、崔凤军等参与了编写或审定。

本手册编写过程中还参考了部分行业专家的意见及行业先进案例和做法，在此谨致谢意。由于编者水平有限，书中难免有不当之处，敬请读者批评指正。

编　者

2018 年 10 月

目 录

序
前言

第一章

基 本 要 求

一、安全生产责任制

（1）按照《中华人民共和国安全生产法》《建设工程安全生产管理条例》等相关要求，项目现场应建立健全并落实各级管理和作业人员安全生产责任制。

（2）安全生产责任制应体现"一岗双责"的要求，即各级人员在明确业务工作职责的同时明确安全工作职责。

（3）安全生产责任制应与绩效考核相关联，做到有检查、有考核。对现场相关方安全责任制不健全或履职不到位的单位应按照合同约定进行处理。

二、员工进场及形象管理

（1）现场作业人员进场应按照要求穿戴好劳动防护用品。

（2）现场作业人员（特种作业人员）进场应按照要求开展安全培训、安全告知和安全交底；特种作业人员应具备特种作业人员资质且在有效期内，并应体检合格方可进场。

（3）现场作业人员应购买意外伤害保险。

三、安全教育

（一）三级安全教育
1. 一级教育内容
（1）国家有关职业健康安全的方针、政策、法律、法规。
（2）公司职业健康安全的管理制度和标准。
（3）公司概况及劳动纪律要求。
（4）典型的工伤事故与职业健康事件案例及防范措施。
（5）公司职业健康安全方面需要注意的其他事项。
2. 二级教育内容
（1）公司的概况及主要工作流程。
（2）公司有关职业健康安全的制度、规定。
（3）公司的工程/生产特点、危险源、要害部位和设备状况。
（4）安全技术基础知识、劳动纪律及职业健康安全的有关注意事项。
（5）本公司典型事故案例及防范措施。
3. 三级教育内容
（1）项目的工作范围、工作内容、工装设备的环境与安全要求。
（2）项目的安全技术操作规程、安全防护装置的作用，介绍容易发生事故的地方和部位，防范和应急措施。

（3）项目现场管理、文明施工的要求。

（4）个人防护用品的正确佩戴、使用方法，相关事故案例及其他注意事项。

（5）安全管理十条高压线：

1）违反法律法规强条、违章作业、违章指挥；

2）酒后上岗、无证驾驶或驾驶资质不匹配的车辆；

3）工作现场无票作业（工作票、操作票、动火作业票等），或动火作业防火措施不落实；

4）特种作业无证上岗或资质不符；

5）谎报、迟报、误报、瞒报事故/事件；

6）隐患不整改或整改不到位、带病作业；

7）安全质量检查不落实或落实不到位；

8）安全措施没有"三同时"（同时设计、同时施工、同时投入生产和使用）；

9）安全责任制、安全培训不落实或落实不到位；

10）部门、业务、职能相关部门负责人没有过问安全管理情况，没有参加安全专项会议，没有布置安全管理工作，没有落实安全责任制。

（二）其他安全培训

其他安全培训主要包括复工前安全培训、转岗安全培训、专项安全培训等；要求所有进入现场的人员必须开展三级安全培训并考试合格后方可上岗作业。要求安全培训应留下记录。

四、企业资质

（1）建筑施工企业应持有建筑业企业资质证书和安全生产许可证；安全管理体系健全，所分包的工程在近三年内未发生一般以上质量、安全、环保事故。优先选用通过职业健康安全管理体系认证的企业。企业资质证书、安全生产许可证和职业健康安全管理体系认证证书样本如图1-1～图1-3所示。

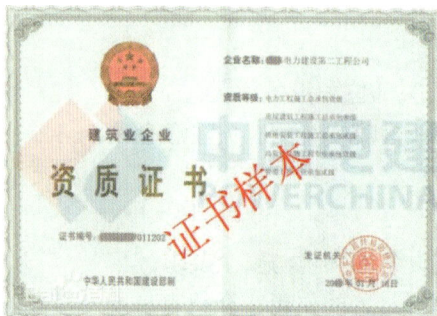

图1-1　企业资质证书（样本）

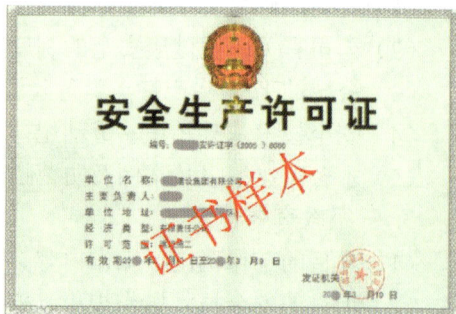

图1-2　安全生产许可证（样本）

（2）分包主控楼等建筑工程的工程分包商，必须具备"房屋建筑工程施工总承包企业三级及以上资质"或具有相应等级的建筑专业施工承包资质。分包基础工程的工程分包商，必须具备"地基与基础工程专业承包企业三级及以上资质"。

（3）爆破作业单位应向公安机关申请领取爆破作业单位许可证后方可从事爆破作业活动。

（4）劳务分包商必须具备相关专业"承包企业三级及以上资质"或"建筑业劳务分包企业资质"。

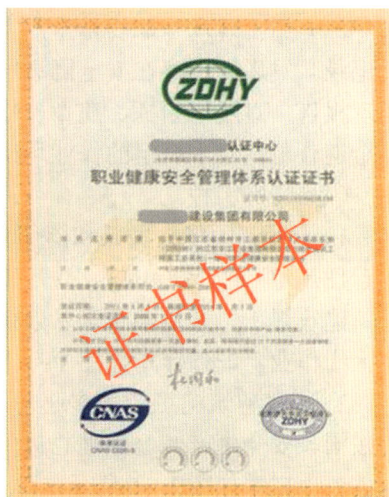

图 1-3　职业健康安全管理体系认证证书（样本）

五、人员安全资质

（1）依据住房和城乡建设部《建筑施工企业安全生产管理机构设置及专职安全生产管理人员配备办法》的规定，建筑施工现场应配备足额的专职安全管理人员。

（2）专职安全生产管理人员是指经建设主管部门或者其他有关部门安全生产考核合格，并取得安全生产考核合格证书，在企业从事安全生产管理工作的专职人员，包括企业安全生产管理机构的负责人及其工作人员和施工现场专职安全生产管理人员。安全生产考核合格证书如图 1-4 所示。

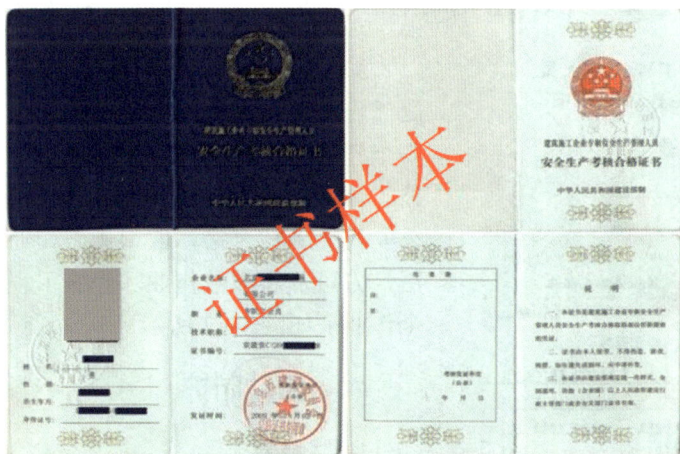

图 1-4　安全生产考核合格证书（样本）

（3）施工现场专职安全生产管理人员负责施工现场安全生产巡视督查，并做好记录。发现现场存在安全隐患时，应及时向企业安全生产管理机构和工程项目经理报告；对违章指挥、违章操作的行为应立即制止；施工作业班组应设置兼职安全巡查员，对本班组的作业场所进行安全监督检查。

（4）特殊工种。

1）根据《中华人民共和国住房和城乡建设部关于印发〈建筑施工特种作业人员管理规定〉的通知》，施工现场特种作业人员应持有建设主管部门颁发的建筑电工、建筑焊工、建筑架子工、建筑起重机械司机、起重机械司索工等相关证件方可上岗作业，证件样本如图1-5所示。

2）除《建筑施工特种作业人员管理规定》规定范围以内的情况，其他特殊工种按国家安全生产监督管理总局《特种作业人员安全技术培训考核管理规定》执行。证件样本如图1-6所示。

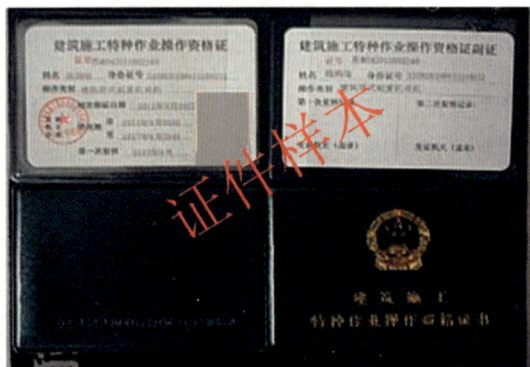

图1-5　建筑施工特种作业人员资格证（样本）

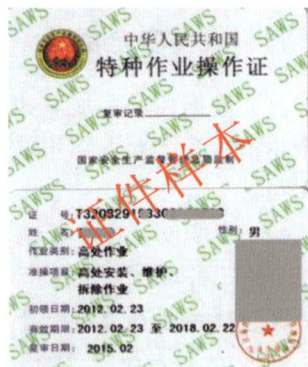

图1-6　高处作业证（样本）

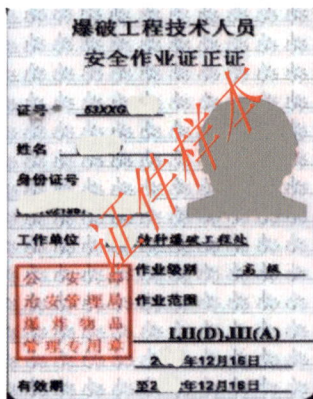

图1-7　爆破工程技术人员
安全作业证（样本）

3）依据《民用爆炸物品安全管理条例》，爆破作业单位应当对本单位的爆破作业人员、安全管理人员、仓库管理人员进行专业技术培训。爆破作业人员应当经设区的市级人民政府公安机关考核合格，取得爆破作业人员许可证后，方可从事爆破作业。爆破工程技术人员安全作业证如图1-7所示。

六、劳动防护

1. 服装要求

员工工作服分为夏装和冬装两种，要求现

场相关方按照统一标准采购并发放使用。工作服制式、颜色和标志应统一。

2. 安全帽

（1）要求现场人员佩戴统一样式的安全帽，安全帽必须有出厂检验合格证，安全帽的相关要求、检验规则及其标识应符合《安全帽》（GB 2811）的要求，按照要求正确使用安全帽并扣好帽带，不准使用缺衬、缺带及破损的安全帽。安全帽佩戴要求及其示意图如图1-8和图1-9所示。

图1-8　安全帽佩戴要求

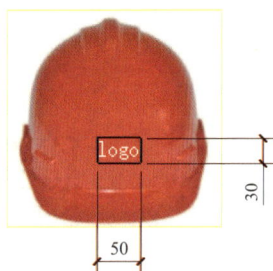

图1-9　安全帽示意图

（2）现场各工种工作人员应按要求佩戴相应颜色的安全帽。要求现场管理人员佩戴红色安全帽（企业标识中英文为黄色字体）；安全管理人员佩戴白色安全帽（企业标识中英文为黑色字体）；作业人员佩戴黄色安全帽（企业标识中英文为黑色字体）；特种作业人员佩戴蓝色安全帽（企业标识中英文为黑色字体）。

3. 安全网

（1）密目式安全网主要用于工程现场安全防护，可有效防止建筑现场的各种物体的自由坠落，防止人员或物体坠落和刮风造成扬尘。密目式安全网采用阻燃聚乙烯合成材料编织而成，网面四周衬有安全绳以增加密目式安全网的抗冲击性，安全绳内侧有带孔的金属扣用于将密目式安全网固定在建筑脚手架之上。安全网常用规格为1.5m×6m或1.8m×6m。安全网材料和安全网使用如图1-10和图1-11所示。

（2）安全隔离网适用施工区与带电设备区域的隔离。采用立杆和隔离网组成，其中立杆跨度为2.0～2.5m，高度为1.05～1.5m，立杆应满足强度要求（场地狭窄地区应选用绝缘材料），隔离网应采用绝缘材料。安全隔离网的结构、形状如图1-12所示。使用要求：安全围栏应与警告、提示标志配合使用，固定方式应稳定可靠。与带电区域设备的隔离围栏应留有足够的安全距离。

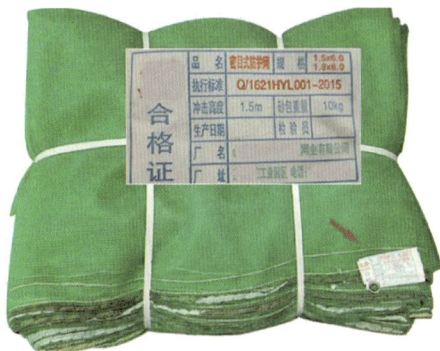

图 1-10 安全网材料

图 1-11 安全网使用张挂图

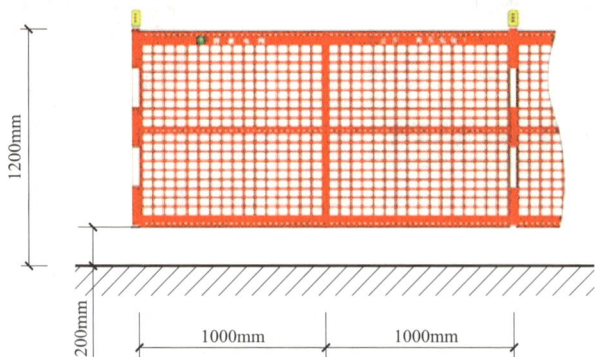

图 1-12 安全隔离网的结构、形状示意图

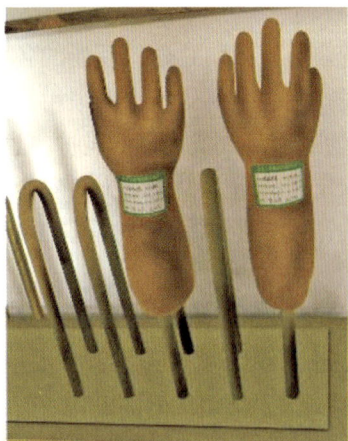

图 1-13 绝缘手套存放图

4. 绝缘手套

（1）用于对高压验电、挂拆接地、高压电气试验等作业人员的保护，使其免受触电伤害。

（2）要求定期检验绝缘性能，泄漏电流须满足规范要求。

（3）要求使用前进行外观检查，作业时须将衣袖口套入手套筒口内。

（4）使用后，应将手套内外擦洗干净，充分干燥后，撒滑石粉，在专用支架上倒置存放，如图 1-13 所示。

5. 施工接地线

（1）施工接地线由接地端、接地导线和有弹簧的夹板组成。接地线外皮有绝缘层，当与导线相撞时，夹板内的弹簧作用夹体自动夹住导线。

（2）使用要求：使用合格证齐全的产品，经验电证实设备或线路已停电后，先将施工接地线一端用螺栓紧固在接地体上，再把夹体的夹板打开，支好弹簧板，操作人员手提接地线使夹体对准需接地的导线或架空地线，相撞后夹体夹住导线或地线；卸除时，先摘除夹板，最后松卸接地螺栓；在感应电压较高的场所，施工人员还应穿防静电服；施工接地线截面应按用途正确选择。

（3）施工接地线用于防止邻近高压线路静电感应触电或误合闸触电的安全接地。其中工作接地线用于工作地段两端的接地，保安接地线用于作业点的接地。接地线如图 1-14 所示。

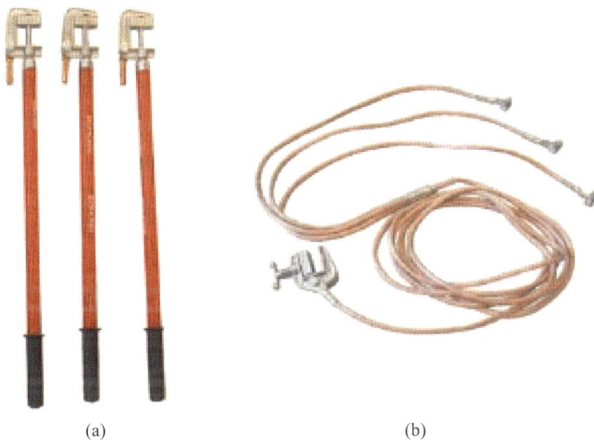

图 1-14 接地线示意图
（a）工作接地线；（b）保安接地线

（4）现场用电设备必须用黄绿双色 PE 保护线做好保护接地，接地电阻应不大于 4Ω。

6. 安全提示遮栏

安全提示遮栏适用施工区域的划分与提示（适用于吊装作业区、电缆沟道及设备临时堆放区，以及线路施工作业区等区域的围护），由立杆（高度为 1.1～1.2m）和提示绳（带）组成。安全提示遮栏的结构、形状如图 1-15 所示。使用要求：安全围栏应与警告、提示标志配合使用，固定方式根据现场实际情况采用，应稳定可靠。

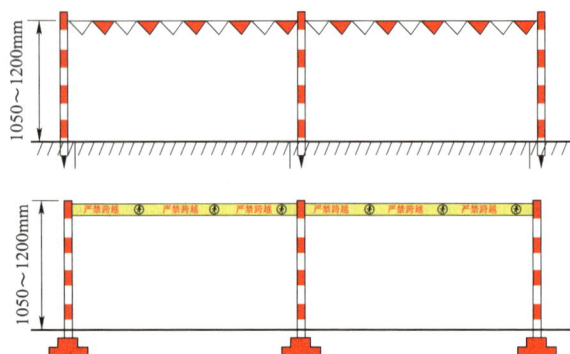

图 1－15　安全提示遮栏示意图

7. 门形组装式安全围栏

（1）适用于相对固定的安全通道、设备保护、危险场所、带电区分界、高压试验等区域的划分和警戒。

（2）结构及形状：采用围栏组件与立杆组装方式，钢管用红白油漆涂刷，间隔均匀，尺寸规范。门形组装式安全围栏的结构、形状及尺寸如图 1－16 所示。

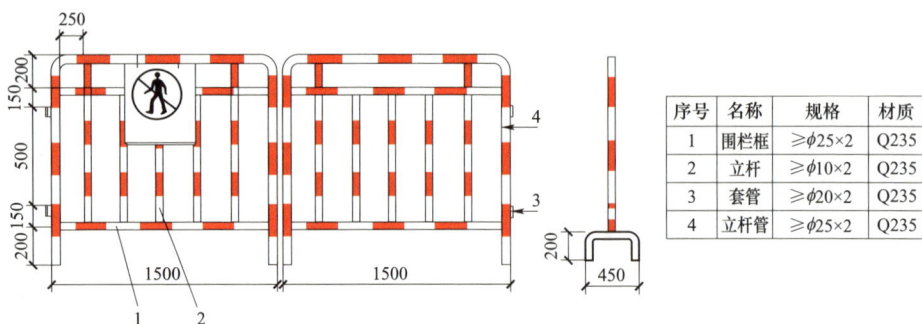

序号	名称	规格	材质
1	围栏框	≥φ25×2	Q235
2	立杆	≥φ10×2	Q235
3	套管	≥φ20×2	Q235
4	立杆管	≥φ25×2	Q235

图 1－16　门形组装式安全围栏的结构、形状及尺寸示意图（单位：mm）

（3）要求安全围栏应与警告标志配合使用；安全围栏应立于水平面上，平稳可靠。

（4）要求带电设备的安全围栏应与带电设备保持安全距离，并可靠接地。

（5）当安全围栏出现构件焊缝开裂、破损、明显变形、严重锈蚀、油漆脱落等现象时，应经修整后方可使用。

8. 钢管扣件组装式安全围栏

钢管扣件组装式安全围栏适用于基坑、屋面、楼面、临空作业面、升压站施工区、材料站、加工区及直径大于 1m 的孔洞的围护。结构及形状：采用钢管及扣件组装，其中立杆间距为 1.5m，高度为 1.1～1.2m（中间距地 0.5～0.6m 高处设一道横杆），杆件强度应满足安全要求，临空作业面应设置高 180mm 的挡脚板。杆件用红白油漆涂刷，间隔均匀，尺寸规范。要求所有水平杆控制伸出立杆外侧 100mm。安全围栏应与对应的安全标志同时使用。钢管扣件组装式安全围栏的结构、形状如图 1-17 和图 1-18 所示。

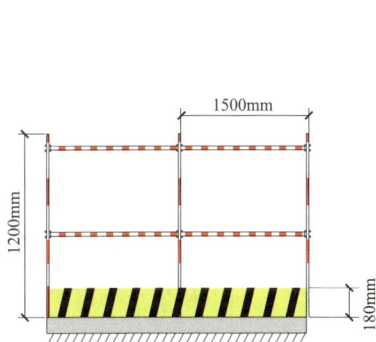

图 1-17 钢管扣件组装式
安全围栏的结构示意图

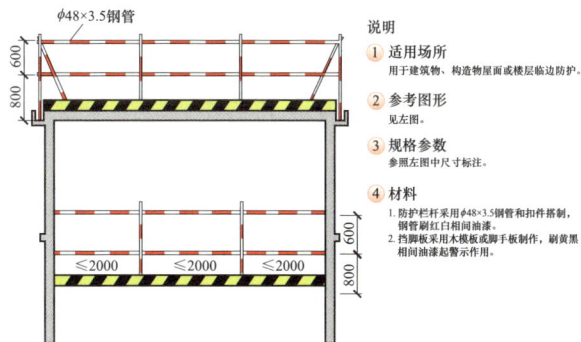

图 1-18 屋面和楼层临边防护栏
杆图（钢管扣件组装式）

9. 防护棚

（1）施工现场所有钢筋、木工加工场应设置加工棚。防护棚制作参考标准如图 1-19 所示。

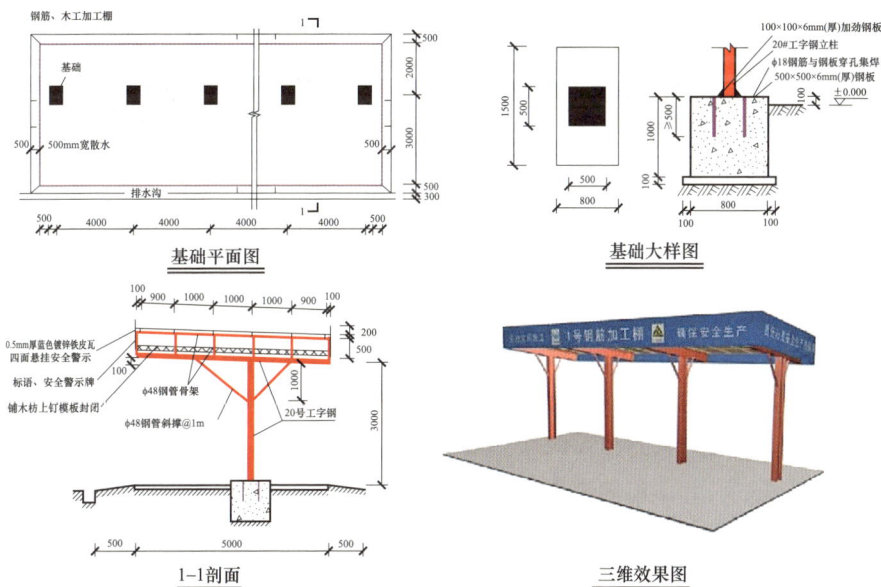

图 1-19 防护棚示意图

（2）防护棚基础采用 C20 混凝土，基础尺寸为 1500mm×800mm×1000mm，（若基础地基承载力不能满足要求则配置 $\phi 6@200×200$mm 单层双向底筋），基础顶面预埋尺寸为 500mm×500mm×6mm 的钢板，$4\phi 18$ 钢筋与钢板穿孔塞焊，加工棚立柱与基础预埋钢板焊接连接。

（3）立杆采用 20 号工字钢立柱，立杆间距为 4m，高 3m，刷红色油漆。

（4）屋架采用 20 号工字钢主挑梁，$\phi 48$ 钢管次梁，宽 5m，高 0.5m，刷红色油漆，屋盖采用厚度为 0.5mm 的镀锌铁皮瓦，刷蓝色油漆。

（5）加工棚顶面四周悬挂安全警示标语及安全警示标志。

10. 洞口防护

（1）孔洞盖板及沟道盖板主要用于孔洞或沟道的安全防护。

（2）孔洞及沟道临时盖板使用厚度为 4～5mm 的花纹钢板（或其他强度满足要求的材料，盖板强度为 10kPa），制作并涂以黑黄相间的警告标志和禁止挪用标志，制作参考标准如图 1-20 所示。遇车辆通道处的盖板应适当加厚，以增加强度。

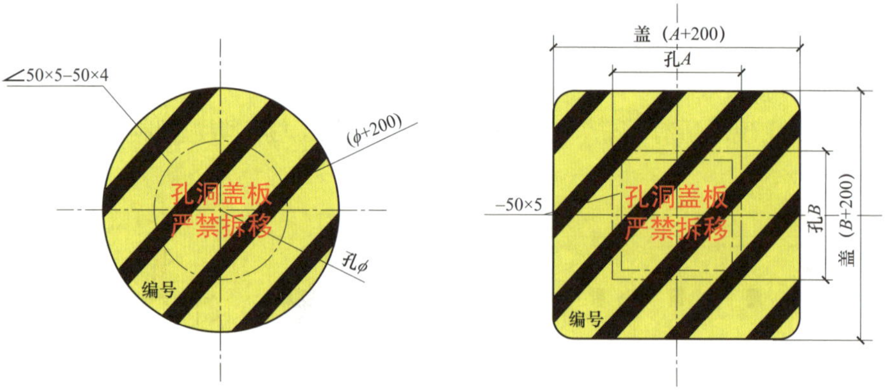

图 1-20　孔洞盖板制作示意图（单位：mm）

（3）孔洞及沟道临时盖板下方的适当位置（不少于 4 处）设置限位块，以防止盖板移动。

（4）孔洞及沟道临时盖板边缘应大于孔洞（沟道）边缘至少 100mm，并紧贴地面。

（5）孔洞及沟道临时盖板因工作需要揭开时，孔洞（沟道）四周应设置安全围栏和安全警示标志，根据需要增设夜间警告灯，工作结束应立即恢复。

七、作业票管理

现场起重作业（吊装不规则设备或者质量在 10t 及以上）、运输（牵引）作业、高处作业、带电作业及易燃、易爆区域作业等危险作业，要求实行安全施工作业票管理，未经审批严禁作业。作业票通常情况有效期为 7 天，特殊情况可延期为 15 天。安全施工作业票要求及作业票参考样本如图 1－21 和图 1－22 所示。

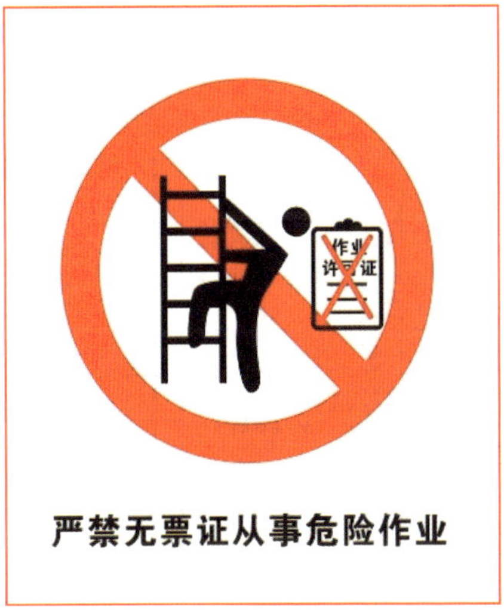

图 1－21　严禁无票证从事危险作业

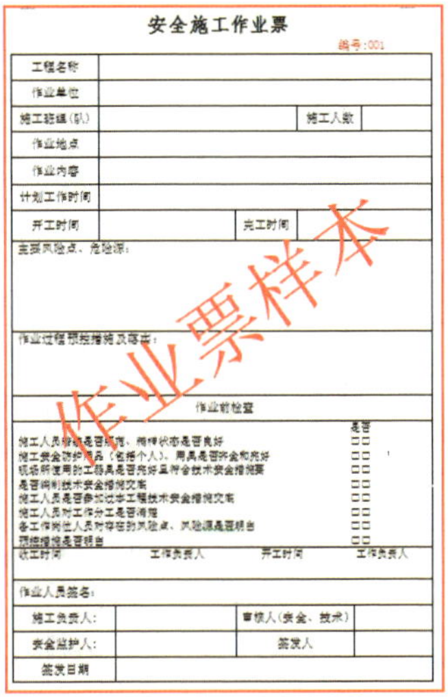

安全施工作业票

编号:001

工程名称			
作业单位			
施工班组(队)		施工人数	
作业地点			
作业内容			
计划工作时间			
开工时间		完工时间	

主要风险点、危险源:

作业过程预控措施及落实:

作业前检查

是否

收工时间　工作负责人　开工时间　工作负责人

作业人员签名:

施工负责人:		审核人(安全、技术)	
安全监护人:		签发人	
签发日期			

图 1－22　工作票样本

八、危险源辨识与风险评价

（1）建设单位在《安全文明施工总体策划》中提出所在项目危险源辨识和风险评价的要求，要求施工单位开展危险源辨识和风险评价，制定危险源和风险控制方案并跟踪执行情况。施工单位按照建设单位的要求开展危险源辨识和风险评价并按照审批后的危险源辨识和风险评价控制方案执行。

（2）项目在工程开工前实施严格的策划评价，要求相关方严格按照危险源辨识和风险评价方法，在项目开工前认真做好危险源辨识、风险评价和风险控制策划工作。建设项目危险源辨识和风险评价可采用多种方法，以充分辨识施工过程中的危险源并制定控制措施。危险源辨识和风险评价步骤如图 1－23 所示，危险源辨识及风险评价模板如图 1－24 所示。

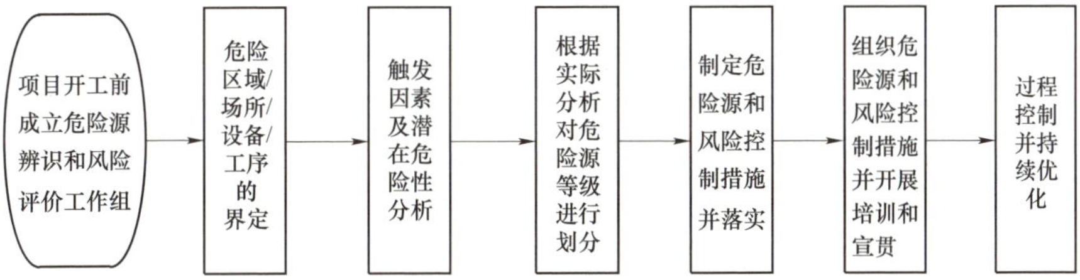

图 1－23　危险源辨识和风险评价步骤

危险源识别与职业健康安全风险评价表

□办公活动　□开发阶段　■建设阶段　■发电运维阶段　■相关方

序号	管理/作业活动	危险源	可能发生的风险	时态	状态	L	E	C	D	风险等级	现有的管理措施	L	E	C	D	风险等级	措施的有效性
1	道路施工基坑施工场地平整	道路、基坑及场地施工时，施工作业人员未经培训，违规操作导致人员伤害	其他伤害	现在	正常	6	2	7	84	3	1.与总包方或施工方签订总包或施工合同，并签订专项安全环保协议。2.聘请监理公司实施全过程安全监管。3.在施工过程中，项目部、工程中心及其他管理部门分别实施周、月、专项检查。4.严格执行公司《风电工程建设安全文明施工标准化手册(2017版)》中关于道路、基坑和场地平整的相关安全注意事项和安全管理措施。	3	2	7	42	2	有效
2		砂石辅倒时，未注意车辆倒斗旁边是否有人	车辆伤害	现在	正常	3	2	15	90	3		1	1	15	15	1	有效
3		配电箱不合格，无警告标志，导致触电	触电	现在	正常	3	2	15	90	3		1	2	15	30	2	有效
4		在安全防护、保险、信号等装置缺失或失效时，仍强行进行道路施工，导致人员伤害	其他伤害	现在	正常	3	2	40	240	4		1	2	15	30	2	有效
5		施工时，被蛇、蝎出等小动物咬伤	中毒和窒息	现在	异常	3	2	7	42	3		1	1	7	7	1	有效
6		施工时，道路边坡未做防护，边坡滚石及落石导致磕伤	物体打击	现在	异常	3	2	40	240	4		1	1	15	15	1	有效
7		场区道路未设置限速等安全警示标志，导致交通事故	车辆伤害	现在	正常	3	2	40	240	4		1	2	15	30	2	有效
8		道路施工时，上边坡有开裂、疏松或折裂危险，导致塌方压埋伤	坍塌	现在	异常	3	2	40	240	4		1	1	15	15	1	有效
9		道路施工时，临时搭建钢架桥承载力不足，导致交通事故	坍塌	现在	现在	3	2	40	240	4		1	1	15	15	1	有效
10		在照度不足的情况下施工，导致人身伤害	其他伤害	现在	正常	3	2	15	90	3		1	1	15	15	1	有效
11		车辆超载运输砂石、钢筋等材料，导致交通事故	车辆伤害	现在	正常	3	2	40	240	4		1	2	15	30	2	有效
12		道路、基坑及场地施工时，施工车辆超速行驶、带"病"运行，导致交通事故	车辆伤害	现在	正常	3	2	40	240	4		1	2	15	30	2	有效
13		道路施工时，在挖掘机等施工车辆回转半径内作业、停留，导致人身伤害	物体打击	现在	正常	3	2	40	240	4		1	1	15	15	1	有效

图1-24　危险源辨识及风险评价模板

（3）现场作业过程中涉及的危险源应进行现场告知，现场涉及的作业过程和分部分项名称、危险源名称、存在的风险、控制措施、责任单位和责任人必须在现场主出入口进行张贴和公示。现场危险源公示牌作为"七牌一图"的重要组成部分，其制作式样如图1-25所示。

九、文明施工

1. 七牌一图

（1）七牌一图是指项目工程概况牌、管理人员名单及监督电话牌、消防保卫制度牌、安全生产制度牌、文明施工和环境保护制度牌、现场危险源公示牌、现场安全告知牌、现场施工平面图。要求施工现场必须设有"七牌一图"。标识标牌规格统一、位置合理、字迹端正、线条清晰、表示明确，并固定在现场内主要进出口处，其制式如图1-25所示。

（2）严禁将"七牌一图"挂在外脚手架上。

（3）原则上，建设单位和施工单位应分别按照各自管理的主要内容分别制作七牌一图。施工现场应由总承包单位制作。

2. 现场安全告知牌应载明的内容

（1）进入场区必须遵守现场安全规章制度及相关要求；未经安全告知及履行签字手续，任何人严禁进入场区。

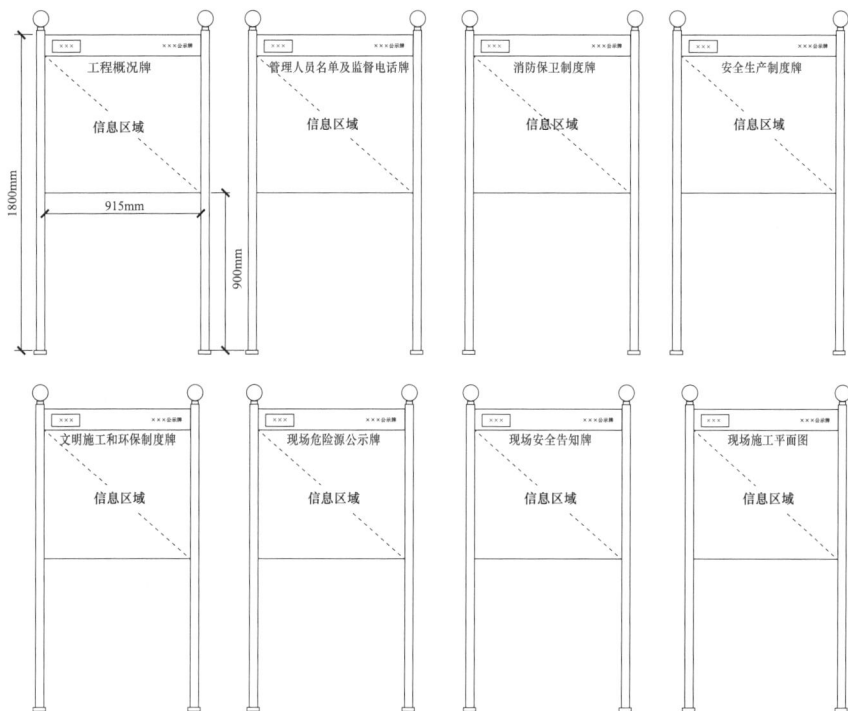

图 1-25 七牌一图

（2）进入施工区域必须戴好安全帽。

（3）严禁酒后进入现场；现场严禁吸烟。

（4）场区内不准赤脚，严禁穿拖鞋、高跟鞋。

（5）高处作业必须系好安全带，应穿防滑鞋；严禁从高处往下抛掷任何物品材料。

（6）非工作人员不准进入施工区域，作业人员未经许可禁止从事非本工种作业。

（7）未经施工负责人批准严禁任意拆除、架设电气设施或相关设施及安全装置。

（8）不准在场区内打闹，不准带小孩进入场区。

（9）严禁摩托车、电瓶车进入施工区域；车辆应按照指定路线行驶，车速不得超过 20km/h。

（10）进入场区的人员应遵守法律法规等相关要求，因违反法律法规及相关要求造成安全事故的，将依法依规追责处理。

3. 施工现场总出入口大门

风电场总出入口大门：立于现场总出入口，建议采用钢结构形式，要求稳固可靠。施工现场总出入口大门制作标准如图 1-26 所示。原则上由现场总承包单位参照制式制作。

4. 安全督查袖章

现场安全员应按照要求穿戴安全督查袖章，履行安全职责。安全督查袖章制作如图1-27所示。

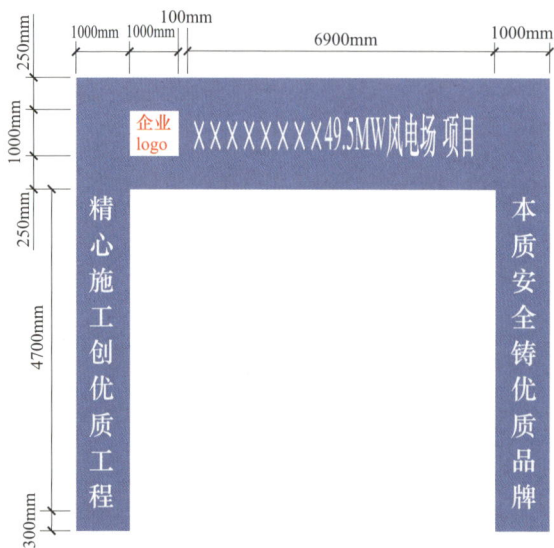

图1-26　施工总出入口大门示意图

图1-27　安全督查袖章

5. 胸牌

（1）要求现场作业人员佩戴胸牌，胸牌建议蓝底黑字。胸牌大样如图1-28所示。

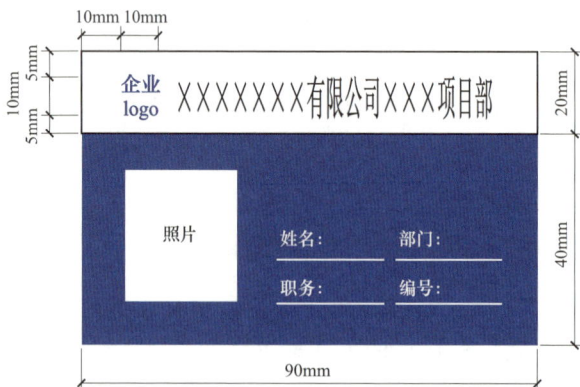

图1-28　胸牌大样

（2）制作规范：要求卡芯使用PVC卡或厚铜版纸制作。卡片上方：标志与公司名称组合，现场作业人员需经过三级安全教育培训考试合格后发胸牌。原则上胸牌由总承包单位统一制作并按照要求发放。

6. 安全教育讲评台

现场安全教育讲评台制作如图 1-29 所示。原则上由总承包单位更新信息后统一制作。

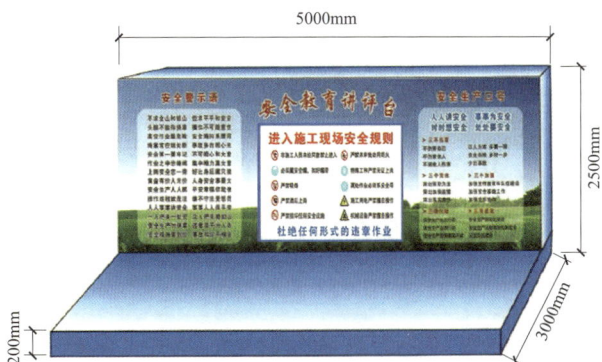

图 1-29 安全教育讲评台

7. 安全通道

（1）施工现场在建筑物出入口，或建筑物周边物体坠落半径范围内的人行通道处均需设置安全通道。安全通道制作如图 1-30 所示。原则上由总承包单位更新信息后统一制作。

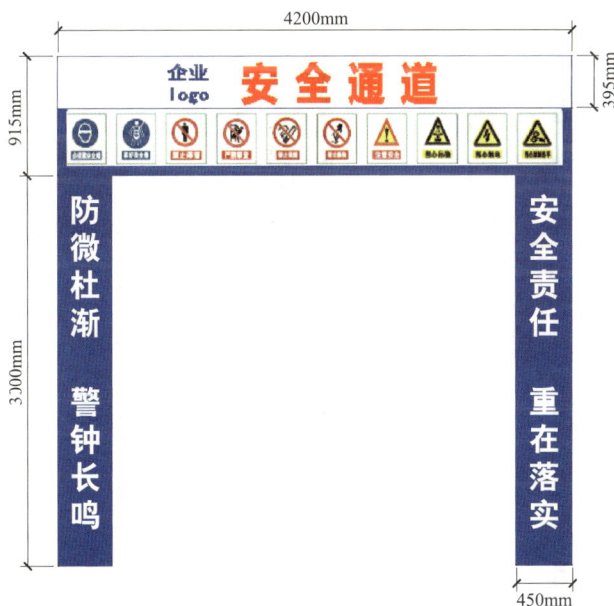

图 1-30 安全通道示意图

（2）安全通道防护采用ϕ48钢管搭设，钢管长度为3000～6000mm（根据建筑物高度确定危险半径）、宽度为4200mm、高度为3800mm。

（3）安全通道防护棚采用双层防护，两层之间距离为800mm，顶层铺满脚手板，下层铺50mm×100mm木枋，间距为350mm，上钉厚度为18mm的木胶合板。

（4）安全通道防护棚顶层设置两道水平杆，顶层水平杆距棚面1200mm，中间层水平杆距棚面600mm。栏杆刷间距为400mm的红白相间的警示油漆，除入口处外其余三面满挂密目式安全网。

（5）安全通道防护棚两侧应设置八字撑，并满挂密目式安全网，所有水平杆控制伸出立杆外侧不超过100mm。

（6）安全通道防护棚进口两侧应搭设钢管立柱，在安全通道防护棚进口处张挂安全警示标志牌和安全宣传标语。安全通道的具体尺寸可以根据现场实际进行调整。

8. 彩旗

彩旗用于各种开工、竣工仪式和相关重要活动。彩旗制作标准如图1-31所示。

9. 风机位置指示牌

规范要求：梯形版面尺寸为15cm×25cm×30cm；可用铝塑板和竹竿制作。风机位置指示牌制作标准如图1-32所示。原则上由总承包单位更新信息后统一制作。

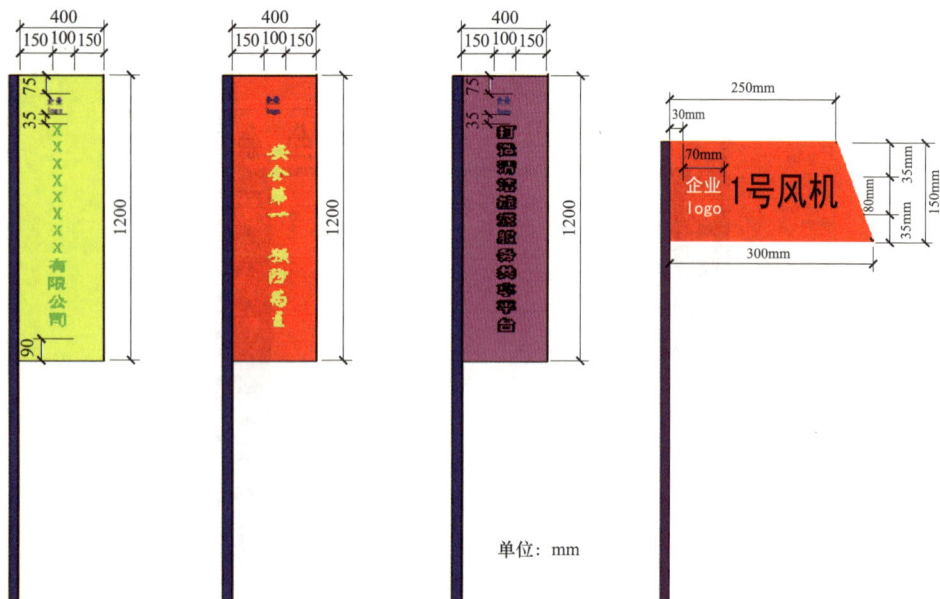

图1-31　彩旗　　　　　　　　　　图1-32　风机位置指示牌

10. 材料标识牌

规范要求：版面尺寸为 300mm×400mm；材料标志牌制作标准如图 1－33 所示。原则上由总承包单位更新信息后统一制作。

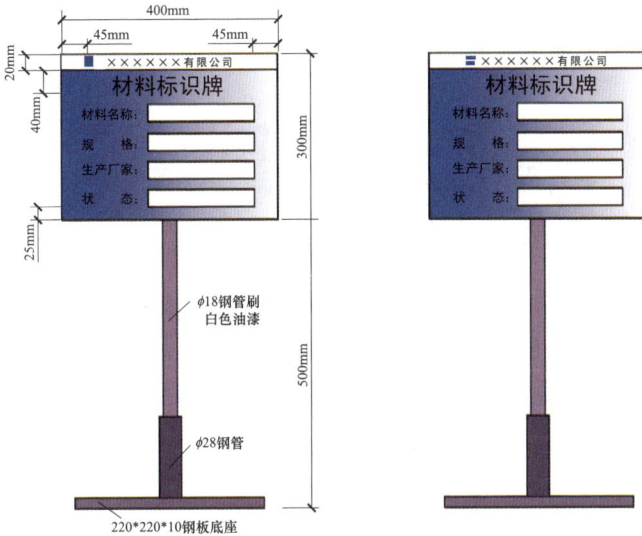

图 1－33　材料标志牌

11. 安全标志

（1）根据《安全标志及其使用导则》（GB 2894），安全标志分为禁止标志、警告标志、指令标志、提示标志四类。要求现场必须使用合格的安全标志，在相应的区域张挂对应的安全标志。安全标志如图 1－34 所示。

图 1－34　安全标志

（2）安全标志应设置在与安全有关的醒目位置，使相关作业人员有足够的时间来注意它所表示的内容，安全标志牌不应设在门、窗等可移动的物体上，标志牌前不得放置妨碍认读的障碍物。

（3）现场安全标志应符合《安全标志及其使用导则》（GB 2894）的相关要求。安全标志展板及尺寸大样如图1-35～图1-37所示。

图1-35　安全标志展板

图1-36　安全标志尺寸大样（单位：mm）

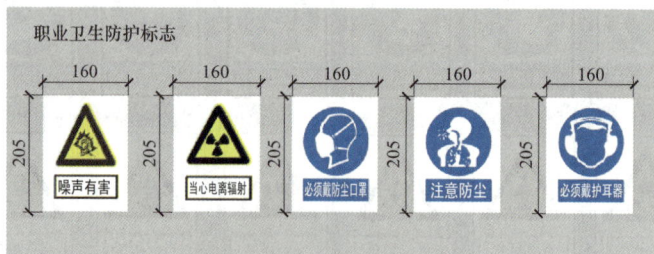

图1-37　职业卫生防护标志（单位：mm）

12. 验收信息牌

项目现场临时用电布置和装设、脚手架搭设、临边防护搭设等相关作业，必须经过项目专职安全工程师验收合格后方可使用。验收信息牌厚度为3mm的PVC

板。验收信息牌制作如图 1-38 所示。

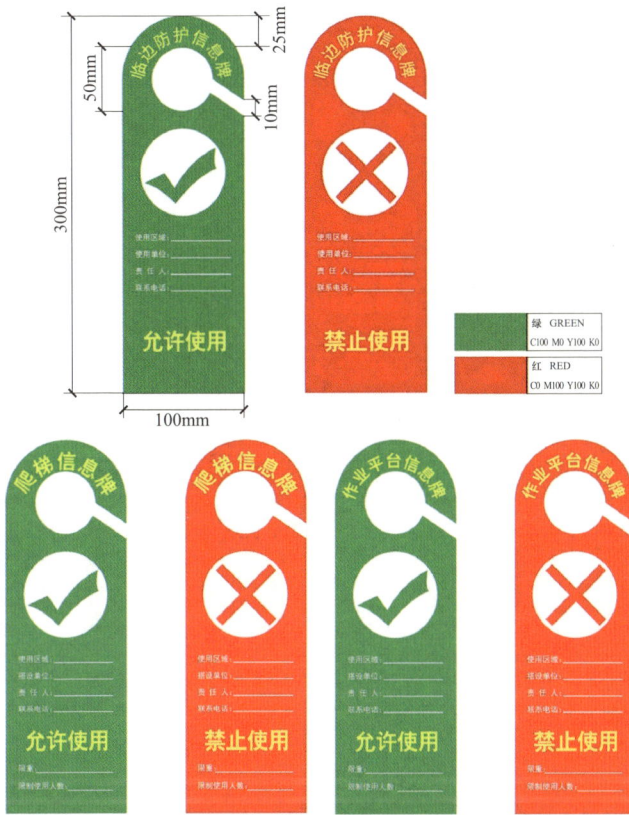

图 1-38 验收信息牌

第二章

专项作业
安全要求

一、道路施工

1. 爆破作业要求

（1）未经许可，任何单位或者个人不得从事爆破作业活动。

（2）营业性爆破作业单位接受委托实施爆破作业，应当事先与施工单位签订爆破作业合同，并在签订爆破作业合同后 5 个工作日内将爆破作业合同向爆破作业所在地县级公安机关备案。爆破作业流程如图 2-1 所示。

企业logo　　×××××××有限公司

爆破施工流程图

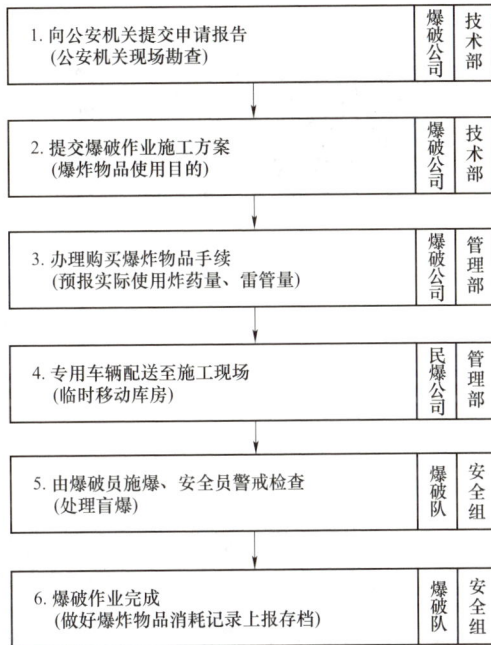

1. 向公安机关提交申请报告 （公安机关现场勘查）	爆破公司	技术部
2. 提交爆破作业施工方案 （爆炸物品使用目的）	爆破公司	技术部
3. 办理购买爆炸物品手续 （预报实际使用炸药量、雷管量）	爆破公司	管理部
4. 专用车辆配送至施工现场 （临时移动库房）	民爆公司	管理部
5. 由爆破员施爆、安全员警戒检查 （处理盲爆）	爆破队	安全组
6. 爆破作业完成 （做好爆炸物品消耗记录上报存档）	爆破队	安全组

图 2-1 爆破施工流程图

（3）爆破作业单位实施爆破项目前，应按规定办理审批手续，批准后方可实施爆破作业。

（4）爆破作业人员应参加专门培训，经考核取得安全作业证后，方可从事爆破作业。

（5）爆破作业人员的培训发证工作应由公安部门，或者公安部门委托的爆破行业协会进行，未经批准，任何单位和个人不得从事爆破作业人员的培训发证工作。

（6）进行爆破器材加工和爆破作业的人员，应穿戴防静电工作服。爆破作业和爆破器材加工人员禁止穿化纤衣服。

（7）石方爆破作业及爆破材料的管理、加工、运输、检验和销毁等工作必须严格遵守《爆破安全规程》（GB 6722），并主动接受当地公安部门的监督管理。

（8）爆破作业必须由专人指挥，作业前对作业人员必须进行安全技术交底且形成记录，危险边界应有明显的文字提示和警示标志，警戒区四周必须派设警戒人员且建立警戒区，严防非作业人员进入。爆破作业警戒要求如图2-2～图2-4所示。

图2-2　爆破作业安全警示牌

图2-3　爆破区域安全警示牌

图 2-4 爆破作业现场安全警戒示意图

（9）爆破作业预告应提前 1 天对影响的区域进行公告；爆破作业现场清场、撤离、起爆应有明确的规定并至少提前 1h 给予告知；爆破危险区域应逐一排查后方可实施爆破，解除警戒等信号也要清晰和明确并有工作记录。

（10）石方地段爆破后，必须确认已经解除警戒，作业面上的悬石、危石经过检查处理后，并履行必要的确认手续，清理石方后施工人员方准进入爆破现场。

（11）爆破时，应清点爆炸数与装炮数量是否相符，确认炮响完并过 5min 后，方准爆破人员进入爆破作业点。爆破作业施工及现场如图 2-5 和图 2-6 所示。

图 2-5 爆破作业精心施工操作

图 2-6 起爆现场图

（12）在爆破作业现场临时存放民用爆炸物品时，其临时存放条件应符合《爆破安全规程》（GB 6722）的要求，并设专人看管。

（13）当天爆破作业后剩余的民用爆炸物品应当天清退回库，不应在爆破作业现场过夜存放。

（14）硝酸铵不应和任何物品同库存放；爆破器材和其他货物不应混装；遇暴风雨或雷雨时，不应装卸爆破器材。

2. 防塌方、滑坡

（1）设计和施工过程中相关的边坡坡率、边坡防护、截水沟设置等应严格按照《公路路基设计规范》（JTG D30）执行。

（2）当挖方边坡较高时，应从上至下分层分段依次进行，应开挖成折线式或台阶式边坡，台阶式边坡中部应设置边坡平台，其宽度不应小于 2m。

（3）要求道路施工单位严格按照施工方案进行施工，重点做好地表植被及腐殖土清理和岩石裂缝排查工作。对于现场潜在或已经发现的岩石裂缝必须做好安全防护措施。石质边坡防护如图 2-7 所示。

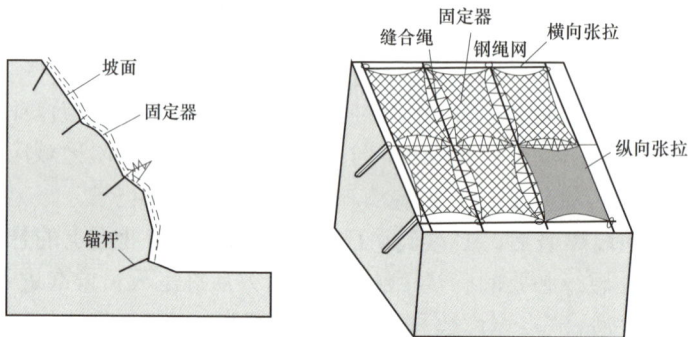

图 2-7　石质边防防护示意图

（4）严格按照项目水土保持方案及其批复的要求，结合项目道路工程施工图纸，将施工过程中产生的弃方运至指定的弃渣场，弃渣场按照"先拦后弃"的原则集中堆放，及时恢复植被；植被恢复如图 2-8 所示。严禁将产生的弃方随意倾倒于山涧或道路下边坡，防止滑坡、泥石流等次生灾害的发生。

图 2-8　边坡绿化防护（植被恢复）

3. 道路交通安全标志

施工现场道路施工应按照法律法规要求装设交通安全标志，如"减速慢行""连续转弯""前方施工""注意落石""上陡坡""下陡坡""限速牌"等。道路交通安全标志制作如图 2-9 和图 2-10 所示。

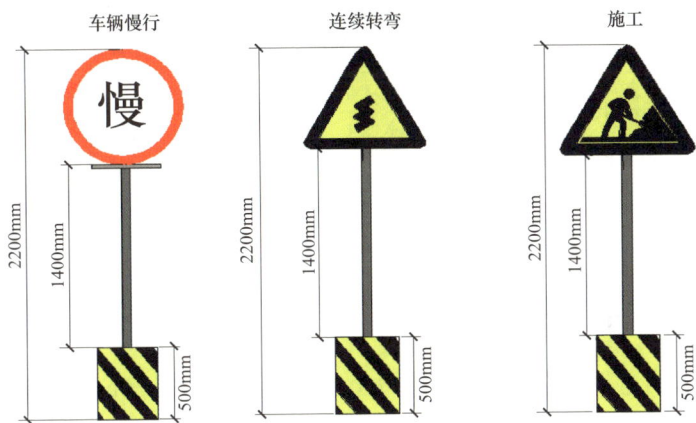

图 2-9 交通安全标志（1）

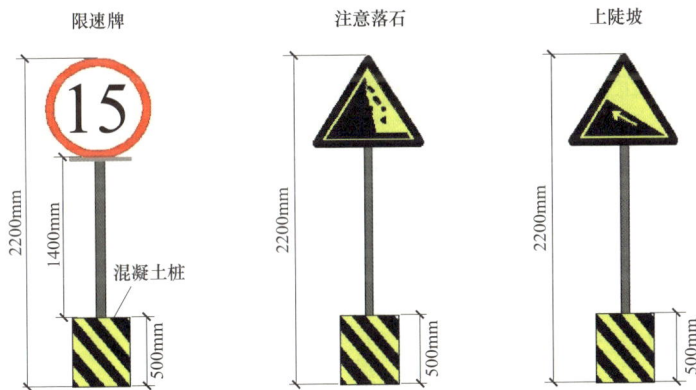

图 2-10 交通安全标志（2）

二、基坑开挖

基坑开挖应做好安全防护和安全提示，严防坠落和塌方。基坑开挖防护如图 2-11 所示。

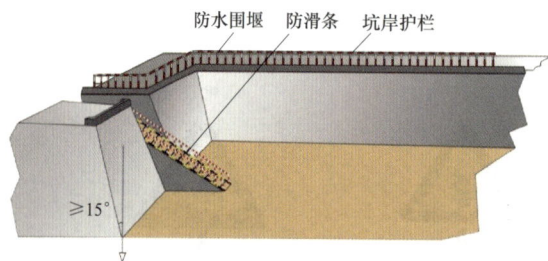

说明
1. 适用场所。
用于规范基坑周边防护和上下通道。
2. 参考图形见左图。
3. 规格参数
（1）上下基坑搭设马道，坡度为1:3.5。
（2）基坑侧壁表面喷沙浆或铺设颜料薄膜，有滑坡危险的要采用支护措施。安全围栏高度为1.2m。基坑侧壁与铅锤方向的夹角应不小于15°。
4. 材料
（1）防护栏杆采用ϕ48×3.5钢管，可采用扣件或焊接连接。
（2）防滑条采用厚度≥20mm实木条制作，建议可根据需要刷警示油漆。

图2-11　基坑开挖防护

三、临时用电

（1）临时用电设备在5台及5台以上或设备总容量在50kW及50kW以上者，施工单位应编制《临时用电施工组织设计》。《临时用电施工组织设计》应由工程项目电气专业工程师编制，经企业技术负责人审核，并报监理公司项目总监理工程师审批后实施。

（2）工程现场临时用电必须按照《施工现场临时用电安全管理规范》（JGJ 46）执行，电工必须持主管部门颁发的特种作业资格证方可上岗作业。

（3）相线、工作零线、保护零线的颜色标记必须符合：相线A、B、C的颜色依次为黄色、绿色、红色，工作零线为淡蓝色，保护零线为绿/黄双色线。在任何情况下，上述颜色标记严禁混用和互相代用。

（4）架空线必须采用绝缘导线。临时用电线路架空时不能采用裸线，室外架空电线最大弧垂与施工现场地面的最小距离为4m，与机动车道的最小距离为6m，与建筑物的最小距离为1m；与在建工程外电防护如图2-12所示。

（5）《临时用电施工组织设计》的内容应包括：

1）确定电源进线、变电所或配电室、总配电箱、分配电箱、用电设备等的位置及线路走向。

2）进行负荷计算，选择导线或电缆截面和电气的类型、规格。

3）设计配电系统、绘制电气平面图、立面图和接线系统图。

4）设计接地、防雷装置。

5）制定安全用电技术措施和电气防火措施。

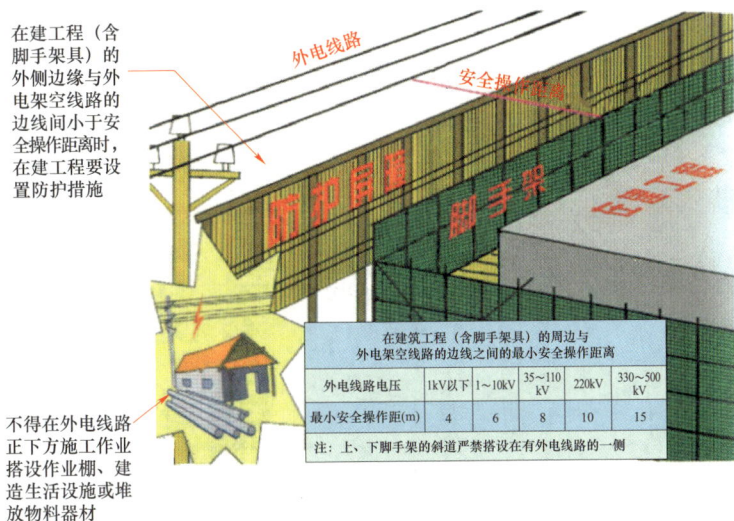

在建工程（含脚手架具）的外侧边缘与外电架空线路的边线间小于安全操作距离时，在建工程要设置防护措施

外电线路

安全操作距离

师和同翼

脚手架

在建工程

在建筑工程（含脚手架具）的周边与
外电架空线路的边线之间的最小安全操作距离

外电线路电压	1kV以下	1～10kV	35～110 kV	220kV	330～500 kV
最小安全操作距(m)	4	6	8	10	15

注：上、下脚手架的斜道严禁搭设在有外电线路的一侧

不得在外电线路正下方施工作业搭设作业棚、建造生活设施或堆放物料器材

图 2-12　外电防护示意图

（6）施工现场三级配电系统如图 2-13 所示；施工现场接地接零保护系统如图 2-14 所示。

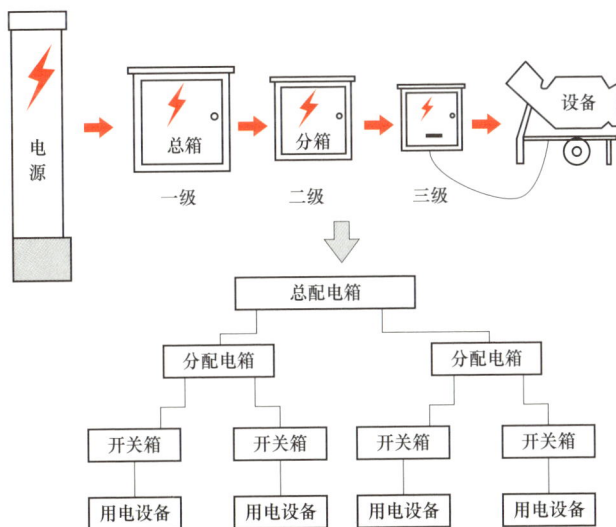

电源　→　总箱　→　分箱　→　□　→　设备
　　　　一级　　二级　　三级

总配电箱

分配电箱　　　　　分配电箱

开关箱　　开关箱　　开关箱　　开关箱

用电设备　用电设备　用电设备　用电设备

图 2-13　施工现场三级配电系统示意图

（7）开关箱内必须装设隔离开关、漏电保护器，每台用电设备必须有各自专用的开关箱，必须实行"一机一闸"，严禁同一个开关箱直接控制两台及两台以上的用电设备（含插座）。所有配电箱均应标明名称、用途、责任人及联系电话并做出分路标记。所有配电箱应配锁，配电箱和开关箱应由专人负责。所有配电箱应有"当心触电"标志。

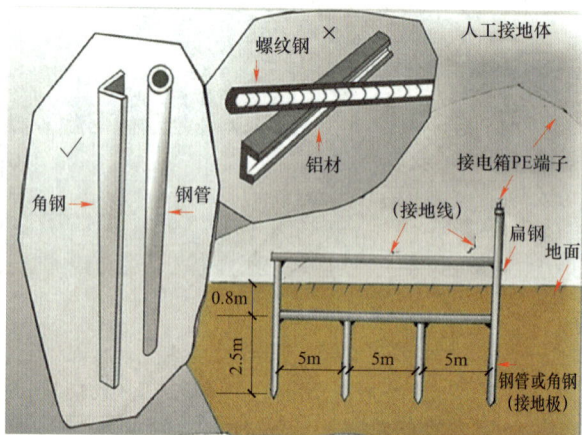

图 2−14　施工现场接地接零保护系统

（8）要求每月对配电箱和开关箱进行一次检查和维修，检查和维修人员必须是专业电工，检查和维修时必须按规定穿戴绝缘鞋、绝缘手套，必须使用电工专用绝缘工具。

（9）配电箱箱体的电气装置隔离开关应设置于电源进线端，漏电保护器应装在配电箱箱体靠近负荷的一侧，其中总配电箱中漏电保护器的额定漏电动作电流应大于 30mA，额定漏电动作时间应大于 0.1s，但其两者的乘积不应大于 30mA·s。

（10）开关箱中漏电保护器的额定动作电流不应大于 30mA，额定漏电动作时间不应大于 0.1s；使用于潮湿或有腐蚀介质场所的漏电保护器，其额定漏电动作电流不应大于 15mA，额定漏电动作时间不应大于 0.1s。

（11）配电箱体外壳必须与 PE 线可靠连接。

（12）严格确保"一机一闸"制，严禁"一闸多机"。

（13）严禁超容量使用开关箱。

（14）严禁保护零线和工作零线混用错接。

（15）每次使用前必须检查漏电断路器是否可靠正常。

（16）严禁带电移动开关箱、带电作业。

（17）电焊机开关箱必须配备二次侧触电保护器。

（18）电缆线路应埋地或架空敷设，严禁沿地面明设，并避免机械损伤和介质腐蚀。电缆架空应沿电杆、支架或墙壁敷设，严禁沿树木、脚手架上敷设。

（19）配电室门应向外开，并配锁，分别设工作照明和事故照明。

（20）临时用电必须建立安全技术档案，并应包括下列内容：

1）施工临时用电组织设计的全部资料；修改施工临时用电组织设计的资料。

2）用电技术交底资料；用电工程检查验收表。

3）电气设备的试验、检验凭单和调试记录。

4）接地电阻、绝缘电阻和漏电保护器漏电动作参数测定记录表。

5）定期检（复）查表；电工安装、巡检、维修、拆除工作记录。

（21）电源配电箱。

1）电源配电箱适用于现场生活、办公、施工临时动力控制电源，如图 2-15 所示。

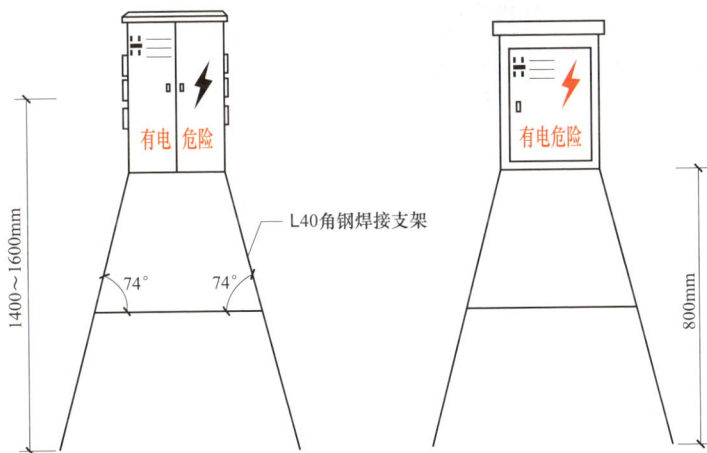

图 2-15 电源配电箱示意图

2）固定式配电箱、开关箱中心点与地面的垂直距离应为 1.4～1.6m。移动式配电箱、开关箱中心点与地面的垂直距离宜为 0.8～1.6m。

3）配电箱内电线不能有裸露现象。

4）按规定安装合格的漏电保护器，漏电保护器应定期进行试验；现场临时用电设施每月至少检查一次，检查及整改情况做好记录。

5）配电箱箱体内应配有接线示意图，并标明出线回路名称。

（22）电缆过桥保护装置主要适用于电缆线通过施工安全通道时的保护。电缆过桥保护装置如图 2-16 所示。

（23）施工用电设施。施工用电应采用三相五线制标准布设，变电站内配电线路宜采用直埋电缆敷设，埋设深度不得小于 0.7m，并在地面设置明显提示标志，如图 2-17 所示。如采用架空线，应按沿围墙布线方式，且满足现场临时用电需要和交通安全要求。一、二、三级配电盘柜和便携式电源盘必须满足电气安全及相关技术要求，确保功能完好。

图 2-16   电缆过桥保护装置

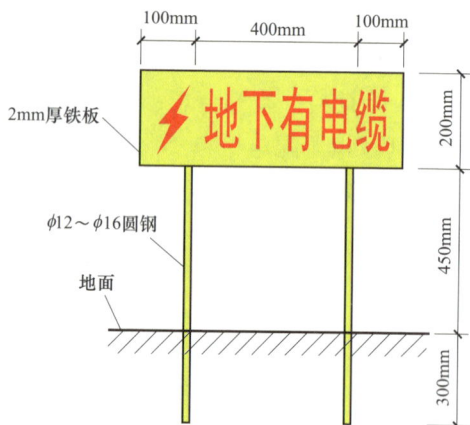

图 2-17   地埋电缆标识示意图

（24）照明设施。施工作业区采用集中广式照明，局部照明采用移动立杆式灯架。

（25）集中广式照明。施工现场适用于集中广式照明，一般采用防雨式灯具，灯具底部采用焊接或高强度螺栓连接，确保稳固可靠。集中广式照明灯塔如图 2-18 所示，灯塔应可靠接地。

（26）局部照明。移动立杆式灯架可根据需要制作或购置，要求电缆绝缘良好，如图 2-19 所示。

（27）便携式卷线盘。

1）卷线盘选择要求：应配备漏电保护器（30mA，0.1s），电源线必须使用橡皮软线。

2）负荷容量：限 220V、2kW 以下负荷使用；电源线长度不得超过 30m。

3）电源线在拉放时应保持一定的松弛度，避免与尖锐、易破坏电缆绝缘的物体接触。便携式卷线盘如图 2-20 所示。

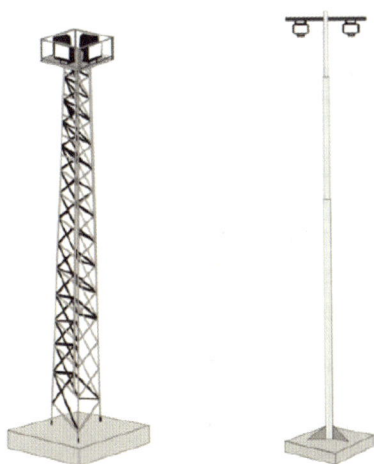

图 2-18 集中广式照明灯塔示意图

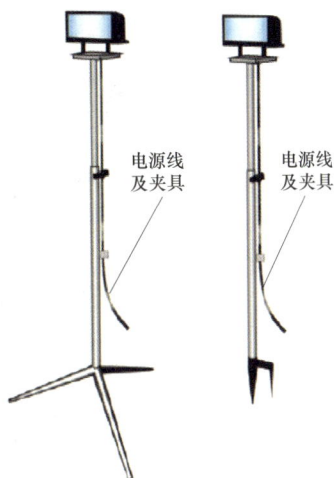

图 2-19 移动立杆式灯架示意图

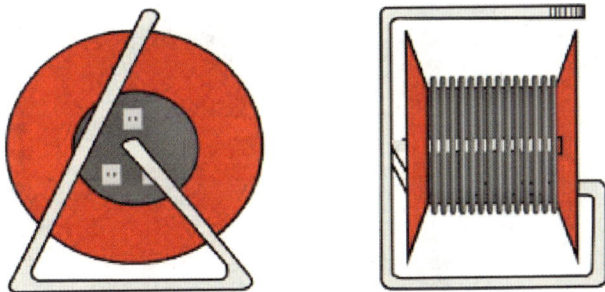

图 2-20 便携式卷线盘示意图

四、脚手架

（1）落地式扣件钢管脚手架的设计、施工和检查验收应符合《建筑施工扣件式钢管脚手架安全技术规范》（JGJ 130）的相关要求。

（2）搭设高度 24m 及以上的落地式钢管脚手架工程属于危险性较大的分部分项工程，必须单独编制专项方案，专项方案由施工单位技术部门组织本单位施工技术、安全、质量等部门的专业技术人员进行审核，经审核合格的，由施工单位技术负责人签字。

（3）搭设高度 50m 及以上的落地式钢管脚手架工程属于超过一定规模的危险性较大的分部分项工程，必须组织专家进行论证。

（4）应严格按照规范和专项方案搭设脚手架，脚手架施工专项方案主要内容应包括基础处理、搭设要求、杆件间距、连墙件拉结点设置、设计计算书、施工详图及大样图安全措施等。脚手架具体搭设标准如图 2-21～图 2-23 所示。

图 2-21　连墙件搭设（1）

图 2-22　连墙件搭设（2）

图 2-23　脚手架规范搭设

（5）钢管脚手架应选用外径为 48mm、壁厚为 3.5mm 的钢管；钢管上严禁打孔，扣件、钢管应采用有质量合格证和质量检验报告的产品。扣件使用前应进行质量检查，有裂纹、变形的严禁使用，出现滑丝的螺栓必须更换；扣件在螺栓拧紧扭力矩达到 65N·m 时，不得发生破坏。

（6）脚手架搭设人员必须持省级建设主管部门颁发的建筑架子工特种作业人员操作资格证书，应体检合格并经安全技术交底后方可上岗作业。

（7）应严格按照要求布设连墙件，对高度在 24m 以下的单、双排脚手架，应采用刚性连墙件与建筑物可靠连接，也可采用拉筋和顶撑配合使用的附墙连接方式。严禁使用仅有拉筋的柔性连墙件。

（8）当脚手架下部暂不能设连墙件时可搭设抛撑。抛撑应采用通长杆件与脚手架可靠连接，与地面的倾角应为 45°～60°；连接点中心至主节点的距离不应大于 300mm。抛撑应在连墙件搭设后方可拆除。

（9）脚手架外立面应满挂密目式安全网全封闭，临街面应采取硬质防护。脚手架临时楼梯搭设如图 2-24 和图 2-25 所示。

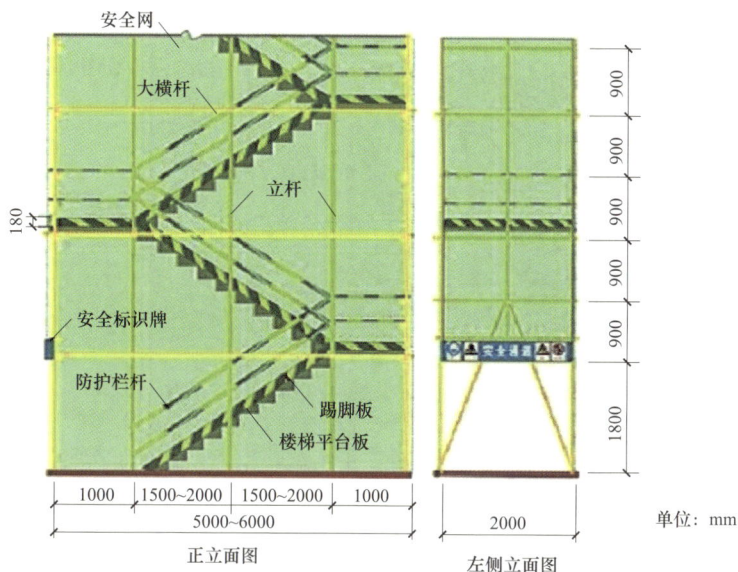

图 2-24 临时楼梯示意图

（10）脚手架架体内底层、施工层必须采取硬质水平防护，每隔两层且高度不超过 10m 设水平安全网，水平安全网必须兜挂至建筑物结构。

（11）作业层脚手板应铺满、铺平、铺稳，脚手板与建筑物之间的空隙不大于 50mm。

（12）铺设脚手板时主筋应垂直于纵向水平杆（大横杆）方向。

（13）可采用对拉平铺或者搭接，四角须用不细于 18 号铅丝双股并联绑扎，要求绑扎牢固，交接处平整，无探头板。脚手架外立面每隔两组剪刀撑设置一道高度为 180mm 的踢脚板，踢脚板固定在立杆内侧，表面刷红白油漆。

图 2-25 临时楼梯实物

（14）移动作业平台搭设必须满足要求，具体制作如图 2－26 所示。

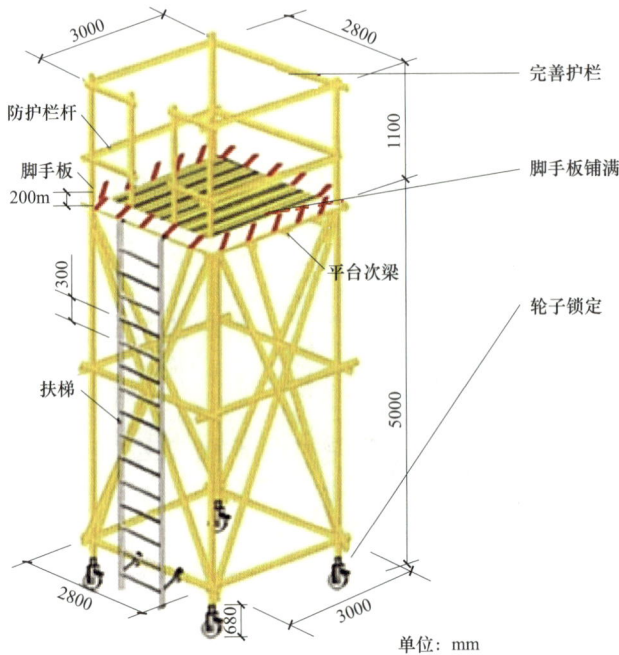

图 2－26　移动作业平台

五、机械作业

1. 打夯机

（1）蛙式打夯机必须使用单向开关，操作扶手要采取绝缘措施。

图 2－27　打夯机安全使用示意图

（2）蛙式打夯机必须由两人操作，操作人员必须戴绝缘手套并穿绝缘鞋。打夯机安全使用如图 2－27 所示。

2. 钢筋加工机

（1）钢筋张拉设备工作区应设置防护，采用钢管围挡，如图 2－28 和图 2－29 所示。

（2）钢管围挡立杆高度为 1.2m；围挡间距为 2m。

（3）设备开关箱箱体中心距地面垂直高度为 1.5m。

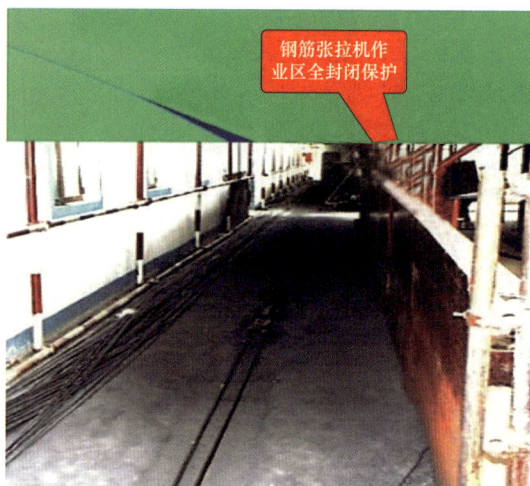

图 2-28 钢筋张拉机作业区全封闭保护图

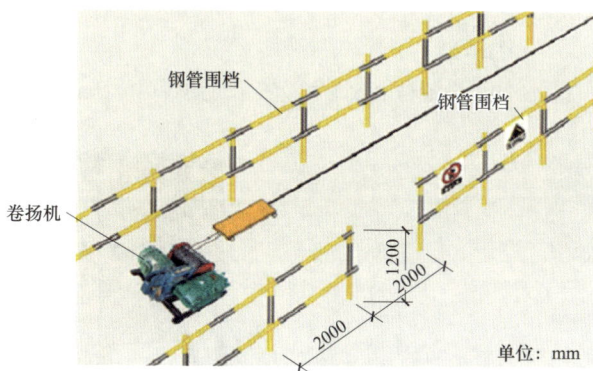

图 2-29 钢筋张拉操作安全防护图

（4）设备水平负荷线应采用 PVC 管埋地敷设。

（5）设备距开关箱水平距离不得大于 3m。

（6）PVC 管直径应大于负荷线直径的 1.5 倍。

（7）设备与电源布设如图 2-30 所示。

3. 电焊机

（1）交流弧焊机变压器的一次侧电源线长度不应大于 5m。

（2）电焊机械的二次线长度不应大于 30m。

（3）电焊机外壳应做保护接零。

（4）电焊机应配装防二次侧触电保护器。

（5）露天冒雨严禁从事电焊作业。

（6）电焊机一、二次侧接线处防护罩应齐全。

（7）电焊机布置如图 2-31 所示。

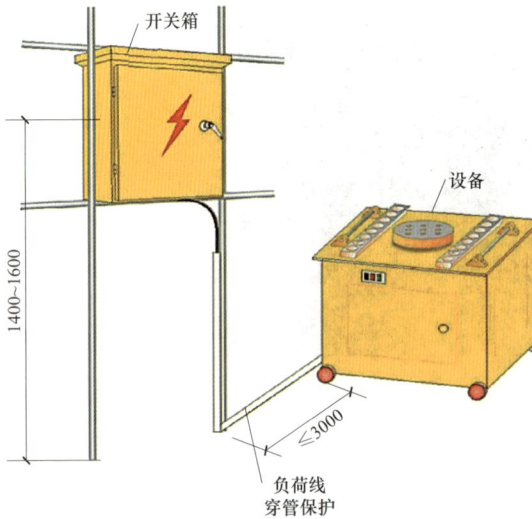

说明：

1. 单机开关箱宜采用钢管扣件固定。
2. 设备开关箱箱体中心距地面垂直高度为1.5m。
3. 设备水平负荷线宜采用PVC管埋地敷设。
4. 设备距开关箱水平距离不得大于3m。
5. PVC管直径为负荷线直径的1.5倍。
6. 图适用于施工现场所有固定加工车间的所有固定设备。

图 2-30　设备与电源距离设置示意图（单位：mm）

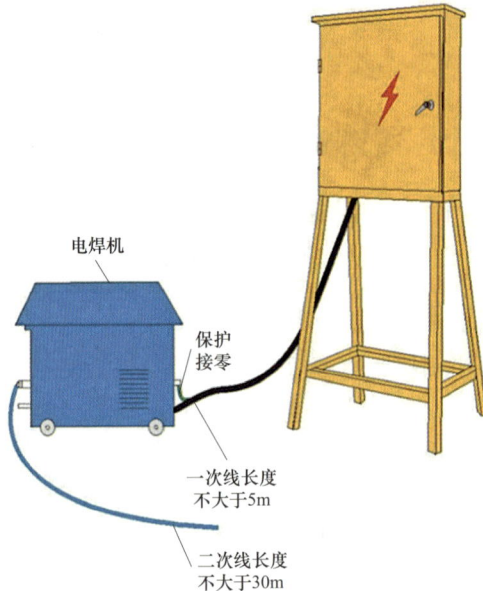

图 2-31　电焊机布置示意图

4. 潜水泵

（1）潜水泵外壳必须做保护接零，开关箱中装设额定漏电动作电流不大于15mA、额定漏电动作时间不大于 0.1s 的漏电保护器。

（2）潜水泵放入水中或提出水面，应先切断电源，严禁拉拽电缆或出水管。

（3）电源线必须采用双层绝缘电缆；应经常检查电源线的绝缘。当发现电源线的外层绝缘破损时应及时更换；一旦出现内层破损，就会因漏电而发生触电事故。

（4）潜水泵在使用前应进行试运行，试运行正常后方可使用。

（5）搬动潜水泵时必须先切断电源。否则，在带电搬动潜水泵过程中若发生拉断接零（接地）线或相线碰壳、导线绝缘损伤等情况，就会造成触电事故。在搬动潜水泵时切不可利用电源线借力，否则，会破坏潜水泵的密封性，拉伤导线或拉松导线接头。

（6）潜水泵运行时，严禁在水井出水池附近洗东西；严禁在湿手、湿脚时操作电气开关，以防发生触电事故。潜水泵布设如图 2-32 所示。

图 2-32 潜水泵布设示意图

5. 塔式起重机

（1）依据住房和城乡建设部《建筑起重机械监督管理规定》，塔式起重机应当到本单位工商注册所在地县级以上地方人民政府建设主管部门办理备案。

（2）塔式起重机安装、拆卸单位应取得相应资质和安全生产许可证。

（3）塔式起重机安装拆卸工、起重信号司索工、起重司机应当取得特种作业操作资格证书后方可上岗作业。

（4）塔式起重机安装、拆卸前作业单位应当向工程所属质监站办理安装（拆卸）告知手续；编制专项安装拆卸方案，属于危险性较大的应由总承包单位组织专家评审。

（5）塔式起重机安装完毕后，应当由具有相应资质的检验检测机构进行监督检验，检验合格后应由总承包单位组织进行验收，验收合格后方能使用；起重机安装验收牌如图2-33所示。塔式起重机验收合格之日起30日内，使用单位应当向工程所属质监站办理使用登记，登记标志置于或者附着于该设备的显著位置。起重机械安装验收牌应由总承包单位按照制式更新信息后制作。

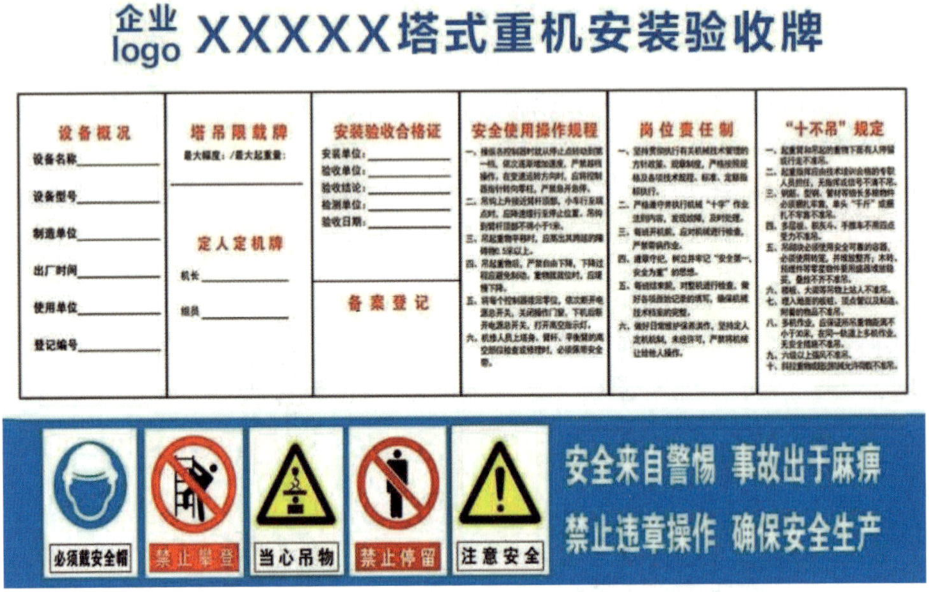

图 2-33　起重机械安装验收牌

（6）塔式起重机基础混凝土的强度必须为 C35 以上。

（7）塔式起重机基础混凝土必须做强度试验，待达到90%说明书中的强度时，方可进行上部结构安装。

（8）塔式起重机基础不得积水，要有可靠的排水措施；在塔式起重机基础附近内不得随意挖坑或开沟；塔式起重机安装、拆卸作业中安装、拆卸单位技术负责人、专职安全员、项目监理必须旁站监督。

（9）塔式起重机的重复接地和避雷接地可以采取同一接地装置，接地电阻不大于 4Ω。

（10）塔式起重机荷载试验包括静负荷、动负荷、超负荷试验，应做好试验并留下记录。

（11）起重机供电电源应设总电源开关，该开关应设置在靠近起重机且地面人员易于操作的地方，开关出线端不得连接与起重机无关的电气设备。

（12）塔式起重机使用过程中，应当由具有资质的单位进行经常性和定期的检查、维护和保养，塔式起重机定期检查每月至少一次并留下记录。

（13）塔式起重机加节顶升和附着必须编制专项方案，经单位技术负责人和项目总监批准后告知相关主管部门方可实施。

（14）塔式起重机附着过程中禁止擅自使用非原制造厂制造的附着装置；附着杆件与建筑物连接处必须确保强度满足要求。

（15）使用单位应当对在用的建筑起重机械及其安全保护装置、吊具、索具等进行经常性和定期的检查、维护和保养，并做好记录。

（16）塔式起重机安全防护如图 2-34 和图 2-35 所示。

图 2-34 塔身安全防护

上人通道护圈

塔身休息平台

图 2-35 塔吊接地

六、气瓶

施工现场氧气、乙炔气瓶应按照要求使用，如图 2-36 所示。

七、车辆运输

1. 车辆运输基本要求

（1）项目车辆应配置急救包（箱）、备胎、千斤顶、灭火器、停车标志，必要时须配备铁锹、拖车绳、防滑链等应急工具；车辆内应在醒目位置张贴"禁止吸烟""非专职司机禁止驾车"和"必须系安全带"等安全标志如图 2-37 所示。

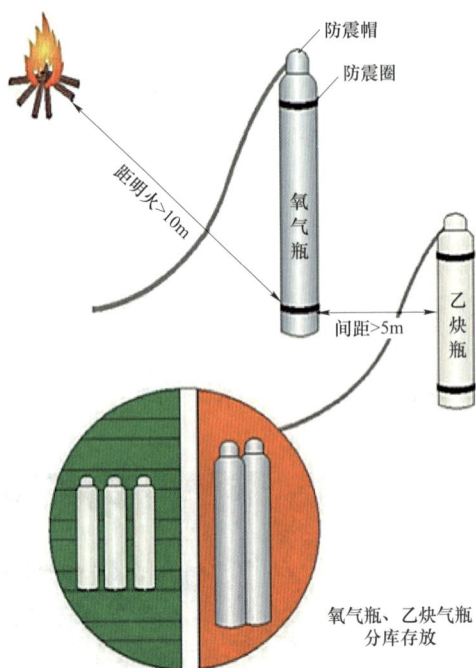

说明：
1. 氧气、乙炔气瓶距明火间距不得小于10m。
2. 氧气、乙炔气瓶间距不得小于5m。
3. 氧气、乙炔气瓶不得平放和暴晒。
4. 氧气、乙炔气瓶储存时应分库存放。

氧气瓶、乙炔气瓶
分库存放

氧气、乙炔气瓶使用距离设置应用示意

图 2－36　气瓶安全使用示意图

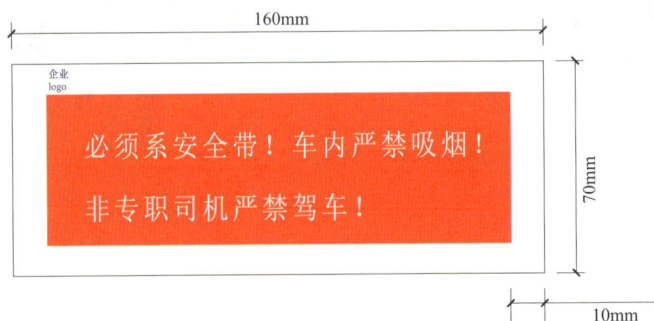

图 2－37　车内安全标志

（2）项目部项目经理每月应至少定期召开一次交通安全专项会议，通报项目交通安全状况，明确交通安全整改措施，召集施工现场相关参建单位专（兼）职驾驶员及安全管理人员参加，保留会议纪要及签到记录且附相关影像资料。

（3）夜间行驶或者在容易发生危险的路段行驶，以及遇有沙尘、雷、闪电、冰雹、雨雪雾、结冰或大风等气象条件时，应当降低行驶速度，必要时禁止出行。

（4）风电场范围内的道路两侧应设置国家标准式样的路标、交通标志、限速标志和减速坎等设施。

（5）翻斗车。翻斗车司机必须持证上岗。方向盘、制动装置（含手制动）应灵敏可靠，料斗翻转机构应灵敏，有保险装置。不得违章行驶，料斗内不得乘人，严禁超速行驶。翻斗车如图2－38所示。

2. 混凝土搅拌运输车

（1）严禁人员进入混凝土搅拌运输车筒内清除混凝土结块。

（2）混凝土搅拌运输车在运输混凝土时，要保证滑斗放置牢固，防止因松动造成摆动，在行进中碰伤行人或影响其他车辆正常运行。

（3）在场界内运送混凝土过程中，车速应符合安全要求，以保行车安全。

（4）混凝土搅拌运输车工作完毕，应把搅拌筒内部和车身清洗干净，不能使剩余的混凝土留在筒内。

（5）混凝土搅拌运输车在冬季应及时安装保温套，并使用防冻液对混凝土搅拌运输车加以保护，根据天气变化更换燃油标号，确保机械的正常使用。

（6）混凝土搅拌运输车如图2－39所示。

图2－38　翻斗车

图2－39　混凝土搅拌运输车

3. 装载机

（1）驾驶员及有关人员在使用装载机之前，必须认真仔细地阅读使用维护说明书或操作维护保养手册，按规定使用和保养。装载机如图2－40所示。

（2）在作业区域范围或危险区域，必须张挂安全警告标志。

（3）严禁驾驶员酒后或疲劳驾驶作业；装载机驾驶员在驾驶室内注意力要高度集中，严禁玩手机。

图 2-40　装载机

（4）要在装载机停稳之后，在有蹬梯扶手的地方上下装载机。切勿在装载机作业或行走时跳上跳下。

（5）维修装载机需要举臂时，必须把举起的动臂垫牢，保证在任何维修情况下，动臂绝对不会落下。

（6）检查并确保所有灯具的照明及机械各显示仪表能正常显示；特别要检查转向灯及制动显示灯的正常显示；特别要检查油压、油位、液压系统、制动系统是否正常。

（7）检查并确保在启动发动机时，不得有人在车底下或靠近装载机的地方工作，以确保出现意外时不会危及自己或他人的安全。

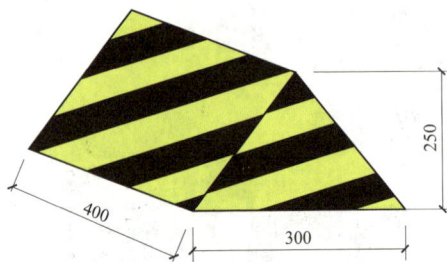

图 2-41　挡车设备（三角木）

（8）启动前，装载机的变速操纵手柄应扳到空挡位置。

（9）装载机必须有后视镜。

（10）装载机上应按图 2-41 所示配备三角木或不低于此要求的其他材质的挡车设备。

（11）涉及牵引作业的现场，牵引作业开始前必须编制专项牵引工作方案，涉及牵引作业的相关内容均应符合相关规范的要求，现场运输道路的硬度、坡度和压实度及特种作业人员资质资格和特种车辆是否合规应重点审查，确保安全。

（12）牵引作业前必须编制专项牵引作业方案，牵引作业钢丝绳张挂必须在平地上进行，被牵引物与装载机之间不允许站人，且要保持一定的安全距离，装载机要垫好挡车设备（三角木，采用木质或钢材质均可），并安排专人进行监护和旁站，确保安全。

（13）装载机应停放在平地上，并将铲斗平放地面；车辆停放必须正确使用挡车设备，应先取走电锁钥匙，然后关闭电源总开关，最后关闭门窗；不准停在有明火或高温地区，以防轮胎受热爆炸，引起事故。

（14）对轮胎进行充气时，人不得站在轮胎的正面，以防爆炸伤人。

（15）除上述条款外，其他要求参照国家相关法律法规和《交通运输安全管理规定》执行。

八、起重吊装

1. 起重机

（1）起重机是指在一定范围内垂直提升和水平搬运重物的起重机械，又称吊车。起重机主要包括起升机构、运行机构、变幅机构、回转机构和金属结构等。按起重性质可分为流动式起重机、塔式起重机、桅杆式起重机。流动式起重机可分为全路面起重机、履带起重机、轮胎式起重机、汽车起重机等，如图 2-42～图 2-45 所示。

图 2-42　全路面起重机

图 2-43　汽车起重机

（2）安全装置。

1）液压系统中各溢流阀。

2）吊臂变幅安全装置。

3）吊臂伸缩安全装置。

4）高度限位装置。

5）支腿锁定装置。

6）起重量指示器。

图2-44　履带起重机

图2-45　QLY1560S型100t轮胎起重机

2. 吊装作业准备

（1）编制作业方案并经过总监理工程师审批；对从事指挥和操作的人员进行资格确认（确保持证上岗）。

（2）对相关人员进行安全交底、教育；对起重机械和吊具进行安全检查确认，确保处于完好状态。

（3）对吊装区域内的安全状况进行检查（包括吊装区域的划定、标志、障碍、警戒区建立等）。吊装现场警戒如图2-46所示。

图2-46　吊装现场警戒示意图

（4）专职安全员应在现场全程跟踪，对作业过程中的安全隐患应及时制止。

3. 吊装作业过程控制

（1）起重指挥必须按规定的指挥信号进行指挥，其他作业人员应清楚吊装方案和指挥信号；起重指挥应严格执行吊装方案，发现问题应及时与吊装方案编制人员协商解决。

（2）正式起吊前应进行试吊，试吊中检查全部机具受力情况，发现问题应先将工件放回地面，故障排除后重新试吊，确认一切正常后方可正式吊装。

（3）吊装过程中，任何人不得擅自离开岗位。吊装塔筒、叶轮过程如图2-47和图2-48所示。

图2-47 吊装塔筒示意图

图2-48 吊装叶轮示意图

（4）起吊重物就位前，不许解开吊装索具；任何人不准随同吊装设备或吊装机具升降。

（5）在吊装作业范围内应设警戒区并设明显的警示标志，严禁非工作人员进入、通行。

（6）风速大于等于 10m/s 时禁止进行任何吊装作业；叶轮吊装风速不超过8m/s。

（7）吊装机械必须有良好的接地和接零。

（8）不得在大风、雨、雪、雾、雷、闪电天气时进行吊装作业及相关工件的组装和卸货；在吊装过程中，如因故中断，必须采取安全措施，不得使设备或构件悬空过夜或长时间滞留在空中。

（9）起吊大件或不规则组件时，应在吊件上拴以牢固的溜绳。

（10）根据《建筑机械使用安全技术规程》（JGJ 33），采用双机抬吊作业时，应选用起重性能相似的起重机进行。抬吊时应统一指挥，动作应配合协调，荷载应分配合理，单机的起吊荷载不得超过允许荷载的80%。在吊装过程中，两台起重机的吊钩滑轮组应保持垂直状态。

（11）在吊装作业过程中，人员要求、吊车要求、场地条件、自然条件、方案计算等必须严格按照法律法规、标准和规范、起重机械说明书和操作手册要求执行，确保吊装作业安全可控。

（12）起重机在电线下进行作业或在电线旁行驶时，构件或吊杆最高点与电线之间水平或垂直距离应符合安全用电的有关规定。

（13）起重机与架空线路边线的最小安全距离如表2-1所示。

表2-1　　　　　　　　　起重机与架空线路边线的最小安全距离

安全距离（m）	电压（kV）						
	<1	10	35	110	220	330	500
沿垂直方向	1.5	3.0	4.0	5.0	6.0	7.0	8.5
沿水平方向	1.5	2.0	3.5	4.0	6.0	7.0	8.5

4. 吊装结束

（1）将起重机吊钩和起重臂放归原位，所有控制手柄均应放到零位，对使用电气控制的起重机械，应将总电源开关断开。

（2）将吊索、吊具收回放置于规定的地方，并对其进行检查、维护；对接替工作人员，应告知设备、设施存在的异常情况；对起重机械进行维护保养时，应切断主电源并挂上标志牌或加锁。

5. 检查、使用保养

（1）设备安装前安全检查和维护。检查设备各主要机构性能的完好性；检查主要钢结构和连接件及其销轴、螺栓的可见缺陷；检查设备表面的防腐情况并应形成记录且出具安装意见。设备运行检查应按照设备说明书要求开展并做好记录。

（2）起重吊装设备由专人保养维护。设备交付使用后，日常保养应由设备操作人员或使用单位专职人员负责，安装维保单位对日常保养内容负有监督和检查的义务。巡视设备各部分、各部位是否正常，按规定加油润滑，注意机械运转声音是否正常，做好清洁工作和交接班工作，以达到设备外观整洁、运转正常的目的。日常保养记录和交接班记录要制成固定表格，签名存档并作为档案管理。厂家保养应该按照起重机使用手册要求执行。

（3）起重机在磨合期内使用，应加强操作人员培训、减轻负荷、注意检查、强化润滑。

（4）项目应定期组织人员对吊具进行安全检查，发现吊索、吊具有老化、断股、撕裂等现象时，应立即停止使用，并进行报废处理。吊具、索具安全检查如图 2-49 所示。

图 2-49　吊具、索具安全检查示意图

（5）作业前应对吊具、索具进行检查，确认其各功能正常、完好时，再投入使用。

（6）起吊重物时，确认重物上设置的起重吊挂连接处是否牢固可靠，吊具不得超过额定起重量，吊索不得超过其最大安全工作荷载。起重吊装作业过程中不得损坏吊具、索具，必要时应在被吊重物与吊具、索具间加保护衬垫；起重机吊钩严禁补焊。

6. 注意事项

（1）每台起重机必须在明显的位置标示额定起重量。

（2）工作中，严禁在起重吊装作业半径范围内和吊臂下站人；严禁用吊钩运送人。

（3）特种作业人员（起重机司机、起重作业指挥和司索等）必须持证上岗；严禁酒后上岗。

（4）作业过程中操作人员必须精神集中，严禁与起重司机和指挥人员闲谈，指挥作业用语要规范。

（5）车上要清洁干净，不许乱放设备、工具、易燃易爆品和危险品。

（6）起重机不允许超负荷使用。

（7）起重机吊钩严禁补焊。

（8）不允许用碰触限位开关作为停车的办法。

（9）升降制动器存在问题时，不允许升降重物。

（10）起重机械要做好防雷接地；起重机械作业人员上岗前应做好安全交底和安全培训并应穿戴绝缘鞋等劳动防护用品；起重作业应全过程做好旁站。

（11）吊钩处于下极限位置时，卷筒上必须保留有 3 圈以上的安全绳圈。

（12）要定期做安全技术检查，做好预检预修工作。

（13）起重机操作人员应严格遵守起重机说明书的相关要求，如有异常应及时上报。

7. 起重作业"十不吊"

（1）超负荷或被吊物重量不清不吊。

（2）指挥信号不明确不吊。

（3）捆绑、吊挂不牢或不平衡可能引起滑动时不吊。

（4）被吊物上有人或浮置物时不吊。

（5）结构或零部件有缺陷或损伤时不吊。

（6）遇有埋置物件时不吊。

（7）工作场地昏暗，无法看清场地、被吊物和指挥信号时不吊。

（8）被吊物棱角处与捆绑钢丝绳间未加衬垫时不吊。

（9）歪拉斜吊重物时不吊。

（10）容器内装的物品过满时不吊。

九、高处作业

（1）高处作业包括铁塔组立和安装、登高架设等；高处作业必须结合现场实际编制《施工组织设计》《高处作业施工方案》并开展安全技术交底，严格按照方案实施。铁塔组立施工现场如图 2-50 所示。

（2）高处作业必须严格按照《建筑施工高处作业安全技术规范》《高处作业分级》等相关规定执行；高处作业应严格按照《安全带》（GB 6095）的要求配备、使用、佩戴安全带。

（3）高处作业人员应体检合格并做到持证上岗。

（4）线路施工、登高架设、铁塔组立等高处作业必须使用双钩五点式安全带（见图2－51）；高处作业必须配备速差自控器，要求有二次安全防护措施。风机内作业人员必须穿戴全身式安全衣并使用防坠落安全装置。

图2－50　铁塔组立施工现场

图2－51　双钩五点式安全带

（5）高处作业区域必须按照要求张挂"必须系安全带""当心坠落"等安全标志，建立警戒区域并安排专人做好安全监护工作。

（6）安全带要求。

1）安全带用于坠落高度在2m及以上的高处作业；安全带的相关要求、检验规则及其标志应符合《安全带》（GB 6095）的要求。

2）安全带使用前进行外观检查，做到高挂低用。

3）安全带应存储在干燥、通风的仓库内，不准接触高温、明火、强酸和尖锐的坚硬物体，也不允许长期暴晒。

4）高处作业必须使用全方位防冲击（双钩五点式）安全带。

（7）速差自控器要求。速差自控器是高处作业人员预防坠落的一种保安用具。速差自控器活动范围大，固定条件简单，一旦失足，可在0.2m内自动停止坠落，有效地保护人身安全。速差自控器各安全部件应齐全，并有省级以上安全检验部门的产品合格证；铁塔、线路施工时，施工人员必须穿戴双钩五点式安全带并按照要求使用速差自控器。速差自控器如图2－52所示。

（8）攀爬风机塔筒内时，施工人员必须穿戴双钩五点式安全带并按照要求使用防坠器安全滑块。防坠落滑块如图2－53所示。

图 2−52　速差自控器

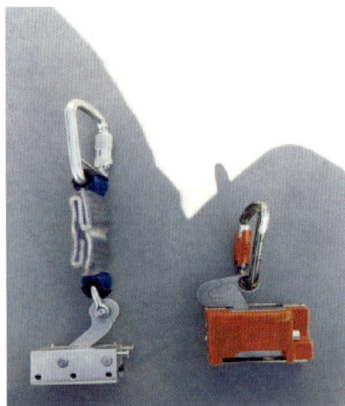

图 2−53　防坠落滑块

十、动火作业与消防安全

（1）施工现场应建立动火审批制度，动火必须开具动火作业票并采取安全措施。动火作业审批表（样表）如表 2−2 所示。

表 2−2　　　　　　　　　　动火作业审批表（样表）

动火作业审批表											
工程名称：								施工单位：			
申请动火单位				动火班组							
动火部位				动火作业级别及种类							
				（用火、气焊、电焊等）							
动火作业起止时间		由	年	月	日	时	分起				
		由	年	月	日	时	分止				
动火采取主要安全措施：											
监护人（签名）：			申请人（签名）：					年	月	日	
审批意见：											
审批单位(盖章)：			审批人（签名）：					年	月	日	
动火作业后施工现场处理情况：											
作业人（签名）：			安全员（签名）：					年	月	日	

（2）施工现场应按照《建设工程施工现场消防安全技术规范》（GB 50720）和《建筑灭火器配置设计规范》（GB 50140）并根据施工作业条件制定消防制度和防火措施，配备足够数量的灭火器材（包括消防砂箱、消防水池、灭火器、铁锹、消防桶等），如图2-54所示。

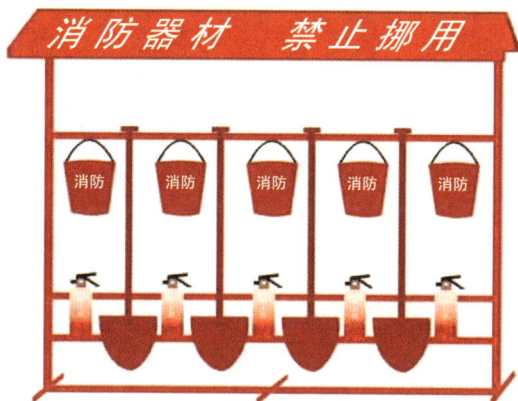

图2-54　消防器材及相关设施示例

（3）现场应定期开展全员消防（火场逃生、灭火器材使用等）培训，坚决做到先培训后上岗。

（4）应编制专项消防演练方案，定期组织消防演练（每半年至少一次）且形成记录并留下影像资料，其中影像资料必须附带日期。消防培训和消防演练如图2-55和图2-56所示。

图2-55　消防培训

（5）施工现场应设立吸烟点、饮水点（见图2-57），严禁在非吸烟点吸烟。

（6）要求定期组织消防验收，定期对消防器材和消防设施进行巡检（每月至少一次）且形成记录。

图 2-56　消防演练

图 2-57　吸烟点及饮水点示意图

十一、物料堆放

（1）施工现场工具、构件、材料的堆放必须按照总平面图规定的位置放置。

（2）各种材料、构件堆放必须按品种、分规格堆放，并设置明显标志。

（3）各种物料堆放必须整齐，砖成丁，砂、石等材料成方（砖、模板等材料堆放高度严禁超过 1.6m），大型工具应一头见齐，钢筋、构件、钢模板应堆放整齐并用木枋垫起。

（4）作业区及建筑物楼层内的物料，应随完工随清理。除去现浇筑混凝土的施工面外，凡达到强度的物料随拆模及时清理运走，不能马上运走的物料必须码放整齐。

（5）清理的垃圾不得长期堆放在作业面，应及时运走，施工现场的垃圾也应分类型集中堆放。

（6）易燃易爆物品不能混放，除现场集中存放处外，班组使用的零散的各种易燃易爆物品，必须按有关规定存放。

（7）现场物料堆放如图2-58所示。

图2-58　现场物料堆放

十二、职业健康

（1）建设单位应依照《建设项目职业病防护设施"三同时"监督管理办法》进行职业病危害预评价、职业病防护设施设计、职业病危害控制效果评价及相应的评审，组织职业病防护设施验收，建立健全建设项目职业卫生管理制度与档案。

（2）施工现场存在的职业病危害因素应在现场显著位置给予告知，告知内容应包括职业病危害因素存在的部位和环节、工种、职业病危害因素、可能导致的职业病名称、主要防护措施等，如表2-3所示。

（3）各单位应加大职业病预防措施的培训教育和宣贯力度并形成记录，每半年至少组织一次培训，宣贯活动如图2-59所示。

表2-3 施工现场相关职业病危害因素清单举例

序号	分部分项	工种	主要职业病危害因素	可能引起的法定职业病	主要防护措施	监护人
1	土石方施工	凿岩工	粉尘、噪声、高温、局部振动、电离辐射	尘肺、噪声聋、中暑、手臂振动病、放射性疾病	防尘口罩、护耳器、热辐射防护服、防振手套、放射防护	专兼职安全员
		爆破工	噪声、粉尘、高温、氮氧化物、一氧化碳、三硝基甲苯	噪声聋、尘肺、中暑、氮氧化物中毒、一氧化碳中毒、三硝基甲苯中毒、三硝基甲苯白内障	护耳器、防尘防毒口罩、热辐射防护服	专兼职安全员
		挖掘机、推土机、铲运机驾驶员	噪声、粉尘、高温、全身振动	噪声聋、尘肺、中暑	驾驶室密闭、设置空调、减振处理；护耳器、防尘口罩、热辐射防护服	专兼职安全员
		打桩工	粉尘、噪声、高温	尘肺、噪声聋、中暑	防尘口罩、护耳器、热辐射防护服	专兼职安全员
2	砌筑	砌筑工	高温、高处作业	中暑	热辐射防护服	专兼职安全员
		石工	粉尘、高温	尘肺、中暑	防尘口罩、热辐射防护服	专兼职安全员
3	混凝土配制及制品加工	混凝土工	噪声、局部振动、高温	噪声聋、手臂振动病、中暑	护耳器、防振手套、热辐射防护服	专兼职安全员
		混凝土制品模具工	粉尘、噪声、高温	尘肺、噪声聋、中暑	防尘口罩、护耳器、热辐射防护服	专兼职安全员
		混凝土搅拌机械操作工	噪声、高温、粉尘、沥青烟	噪声聋、中暑、尘肺、接触性皮炎、痤疮	护耳器、热辐射防护服、防尘防毒口罩	专兼职安全员
4	钢筋加工	钢筋工	噪声、金属粉尘、高温、高处作业	噪声聋、尘肺、中暑	护耳器、防尘口罩、热辐射防护服	专兼职安全员
5	施工架子搭设	架子工	高温、高处作业	中暑	热辐射防护服	专兼职安全员
6	工程防水人员	防水工	高温、沥青烟、煤焦油、甲苯、二甲苯、汽油等有机溶剂、石棉	甲苯中毒、二甲苯中毒、接触性皮炎、痤疮、中暑	防毒口罩、防护手套、防护工作服	专兼职安全员
		防渗墙工	噪声、高温、局部振动	噪声聋、中暑、手臂振动病	护耳器、热辐射防护服、防振手套	专兼职安全员
7	装饰装修	抹灰工	粉尘、高温、高处作业	尘肺、中暑	防尘口罩、热辐射防护服	专兼职安全员
		油漆工	有机溶剂、铅、汞、镉、铬、甲醛、甲苯二异氰酸酯、粉尘、高温	苯中毒、甲苯中毒、二甲苯中毒、铅及其化合物中毒、汞及其化合物中毒、镉及其化合物中毒、甲醛中毒、苯致白血病、接触性皮炎、尘肺、中暑	通风、防毒防尘口罩、防护手套、防护工作服	专兼职安全员

图 2 - 59 《中华人民共和国职业病防治法》宣传活动

十三、野外生存

1. 野外防蛇

（1）项目安全培训时应做好防蛇咬伤措施的安全交底。

（2）在蛇区行走时要扎好裤脚（不能穿短裤），穿高帮鞋，最好是户外鞋（忌穿凉鞋）；夜间行走时应使用手电筒、头灯等照明设备。常见毒蛇如图 2 - 60 所示。

（3）在草丛中行走时，手持棍棒，边走边打草，起到打草惊蛇的作用。遇见毒蛇应远道绕行，若被蛇追逐应向山坡跑，或忽左忽右地之字形转弯跑，切勿直跑或向下坡跑。

（4）被蛇咬伤后建议找到毒蛇（"活体标本"或拍照）以备给医生做救治时参考；尽量快速挤出毒液，不要用嘴吸。

（5）在伤口上方用绳子（或胶皮管、长鞋带）扎紧肢体，防止毒液随血液淋巴回流；每隔半小时放松一次；让伤口始终保持低于心脏的高度；不要剧烈运动，以免心跳血流加快而加速毒素扩散；蛇药外敷、内服同时进行，能起到短时抑制缓解作用。

（6）防蛇咬伤可采用硫黄等药物来驱蛇，如被蛇咬应尽快到临近的医院注射抗毒血清或紧急采取相关措施。专业医生会根据不同毒类反应做不同的处理、注射不同的抗蛇毒血清。

2. 野外迷路

（1）在野外生活中切记不要离开队伍，小组为单位一起行动，休息与工作应全队统一进行，避免单独行动。

图 2-60　常见毒蛇

（2）学会利用地形图、指南针，参加活动之前记住路线上的特征点、距离、高度等数据，并在图上做好标记。

（3）行动中要处处留意观察并留下标记，在不曾去过的山区或茂密的森林中时应处处留意，观察周围的地形。

（4）在天气恶劣或大雾天的时候最好暂停活动，原地休息或返回。

（5）山野行走，一旦迷失方向，赶快回到自己所认识的地方，用指北针和地形图确定所处方位和目的地方位。休息时多注意周围环境标志，不要直走下坡路，因为下坡路视野范围小，方向不易确认。

（6）迷路后定位方法：

1）可利用指北针：打开指北针，水平放置，使气泡居中，磁针静止，标有 N 的黑色一端所指的便是北方。

2）可利用太阳和手表测向：时数折半对太阳，12 指的是北方。

3）也可利用日影测向：若晴天，在地上竖立木棍，木棍的影子在中午最短，其末端连线是一条直线，该直线垂直线为南北方向。

4）植物生长：一般阴坡（即北侧山坡），低矮的藤类和藤本植物比阳面更加茂盛。

3. 野外防雷

（1）快跑跑向低洼地；离开高树或密叶树林。

（2）离开铁塔，去除身上金属物。

（3）在河中游泳的，要赶快上岸。

（4）不要多人集中在一起，要分散开。

（5）附近有小屋，躲入屋内，但不要靠墙，雷击时，会经过墙壁传电到地面。

4. 防中暑

各单位应做好防高温中暑培训，夏季应给现场工人配发清凉饮料，如绿豆汤、金银花、板蓝根等。

5. 野外工具参照

野外工具包括指北针、雨衣、帽子、手套、水壶、哨子、小刀、手电筒、垃圾袋、卫生纸、打火机、食具、食品、药品、望远镜、照相机、毛巾、药箱、手杖、竹棍、小锹等。

第三章

办公生活区

一、总体要求

（1）办公区和生活区应相对独立，办公区入口应设立项目部铭牌。项目部应将安全管理制度、岗位安全责任制、组织架构图、工程施工进度横道图等设置上墙。

（2）临建材料要求现场宿舍、办公用房建筑构件的燃烧性能等级应为 A 级。当采用金属夹芯板材时，其芯材的燃烧性能等级应为 A 级。

（3）如果项目距离乡镇或城市较近，项目部地址可设置在就近，租住用房的标准化要求参照本手册执行。

二、总体布置

风电场工程项目办公和生活临建房屋，宜设置在站区围墙外，并与施工区域分开隔离、围护，现场临建主色调与现场环境相协调，应做到布置合理、场地整洁，墙体无污物。现场临建应选择地势高处，避开泄洪道、滑坡等危险区域。现场办公生活区布置如图 3-1 和图 3-2 所示。施工单位现场临建原则上应参照建设，做到临建建设标准化。

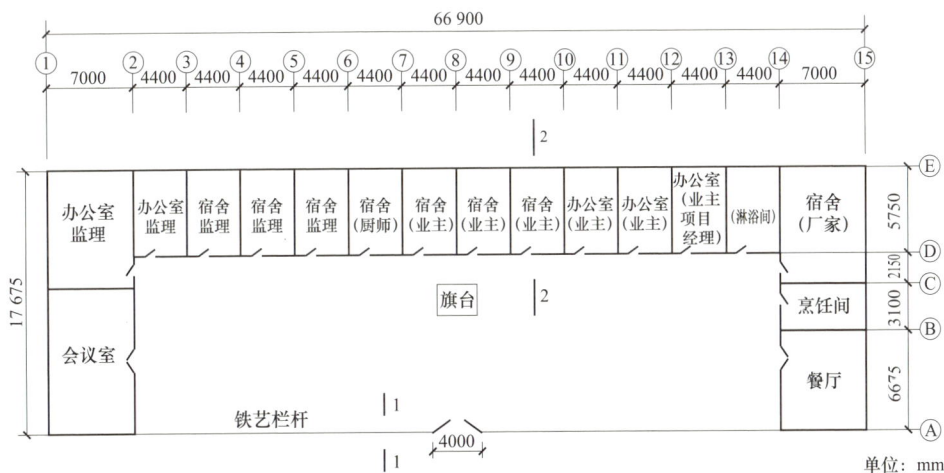

图 3-1　50～100MW 风电场现场办公生活区临建大样

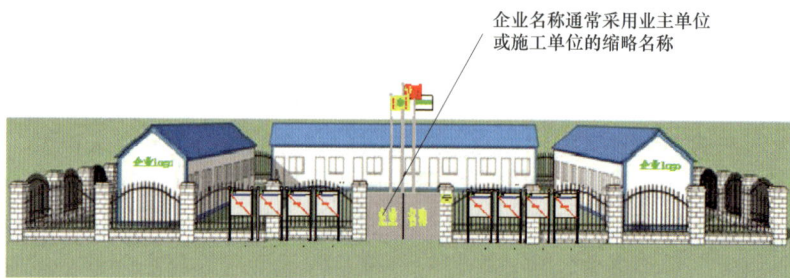

企业名称通常采用业主单位或施工单位的缩略名称

图 3－2　现场办公区临建布置示意图

三、临建施工要求

（1）每间宿舍配置两盏 32W 吸顶式节能灯，两盏灯共用一个开关，开关设置在室内门口一侧，距地面 1.5m 处。照明用导线至少是截面面积为 2.5mm^2 的硬铜导线。

（2）电暖气安装。每台电暖气专设电采暖开关插座一个（220V/15A），插座安装在门口与窗户之间，离窗户外边沿 20cm，距离地面 40cm；电暖气安装在门口窗户下，距离地面 20cm。电暖气全部为右侧出线。每台电暖气至少配截面面积为 6mm^2 的硬铜导线。

（3）宿舍内至少装设 3 个办公用插座（220V/10A）；餐厅、会议室多增加 2 个 16A 插座。厨房应配置 380V 电源。

（4）厨房、淋浴间电气设备应增加防水功能。

（5）地面。室内地面为 80mm 厚的 C20 混凝土，院内地面为 100mm 厚的 C20 混凝土。

（6）墙体为 100mm 厚的夹心不燃彩钢板，内白外蓝。

（7）散水为 80mm×800mm（厚×宽）的 C10 细石混凝土。

（8）屋面是 100mm 厚的夹心不燃彩钢板，内白外蓝色。彩钢板与墙体连接处用密封胶密封，檐口均挑出 300mm，挑檐为蓝色。

（9）门窗。窗采用 1200mm×1500mm（宽×高）的单框双玻璃塑钢窗，门采用 900mm×2000mm（宽×高）的防盗门。

（10）墙体厚度内外墙均为 100mm 厚的夹心不燃彩钢板。

（11）宿舍窗户上方均装设塑料窗帘盒一道，长度为 1700mm。

（12）墙体基础根据实际地质条件确定，建议采用 300mm×300mm 的 C25 混凝土基础，基础与墙体连接部分为彩钢板安装单位确认。

（13）厨房、淋浴间增加地漏，室外排水管道采用直径为150mm的PVC管，埋设深度大于300mm，自然带坡度排入污水池内。

（14）垃圾池与污水池可共用：现场开挖尺寸为3m×5m×5m的垃圾池，具体位置现场确定。垃圾池顶做盖板防止垃圾吹走，四周做硬维护和安全标志。

（15）铁艺大门和铁艺围墙由业主根据铁艺厂家情况定做，要求围墙高度不低于1.8m。铁艺栏杆施工大样及效果如图3-3所示。

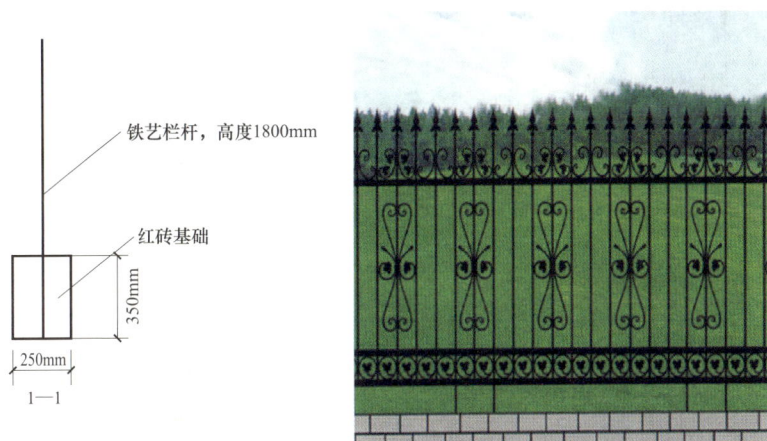

图3-3 铁艺栏杆施工大样及效果

（16）施工现场办公生活区应优先考虑水冲式厕所，厕所位置单独设置在院区下风口50m以外。如果项目现场确实用水困难可考虑旱厕。

（17）现场所有临建设施应做好地锚用钢丝绳加固以防大风；为防雷击，现场临建应做好接地，接地电阻应小于4Ω。

四、项目部铭牌

业主项目部铭牌用不锈钢材料制作，悬挂于大门门柱上，其参照尺寸为600mm×400mm，字体、颜色如图3-4所示。项目部名称可用黑色不干胶刻字贴于不锈钢板上，便于更改，多次使用。施工单位项目部可参照制作。

五、旗台

项目现场办公区旗台制作如图3-5所示。

项目名称牌

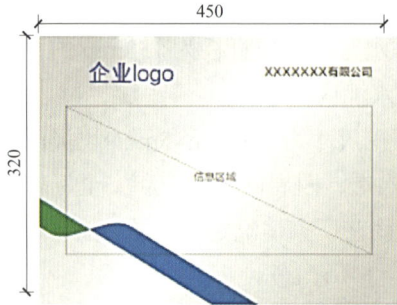

制作说明：
规程：450mm×320mm
材质：不锈钢（磨砂面）或铝板（金色或银色）
工艺：雕刻填漆、丝网印刷、烤漆
色彩：四色

效果示意

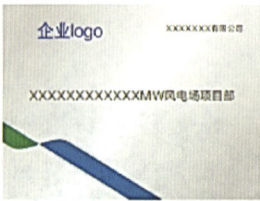

图3-4　业主项目部铭牌示意图

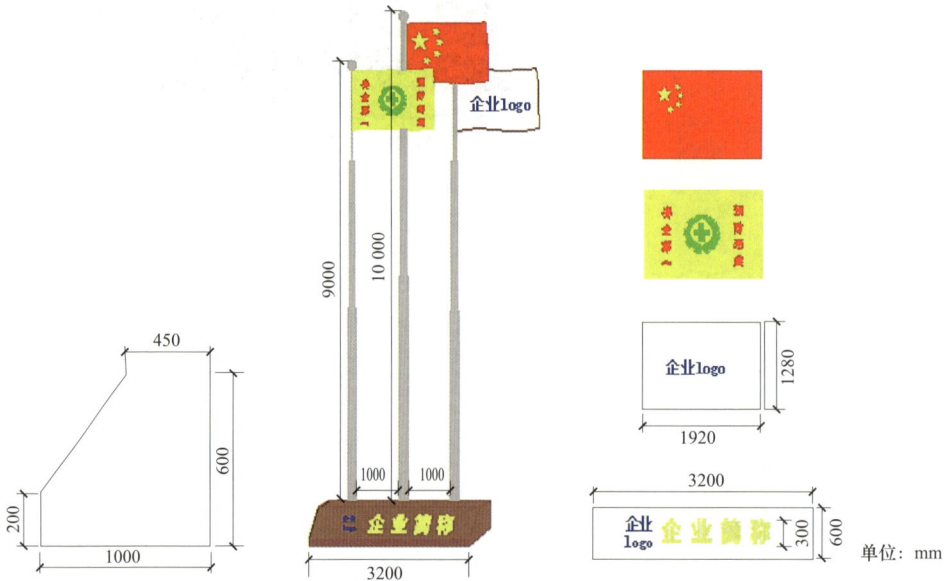

图3-5　旗台示意图

六、会议室

项目现场会议室布置如图3-6所示。

图 3-6 会议室示意图

七、组织架构图

（1）尺寸：600mm×900mm（宽×高）。

（2）材质工艺：8mm 厚瓷白亚克力正喷。

（3）上墙时后衬 10mm 厚 PVC 板。

（4）架构中的人物照片及姓名都为相纸高清喷绘，具体制作如图 3-7 所示。

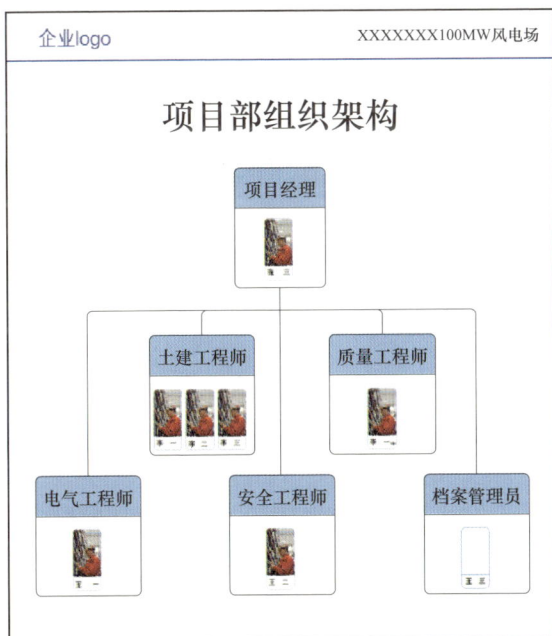

图 3-7 项目部组织架构图

八、安全培训及检查记录牌

（1）尺寸：2400mm×1200mm；画面材质工艺：PVC 板；不锈钢钢架支撑，户外可移动。

（2）表格中的内容用夹子固定于背板上；夹子的颜色选择蓝色或白色；尺寸宜为 280～400mm；材质选择轻型的塑料。安全培训及检查记录牌效果如图 3－8 所示。要求安全培训及检查记录牌中心点上墙张挂高度为 2m。

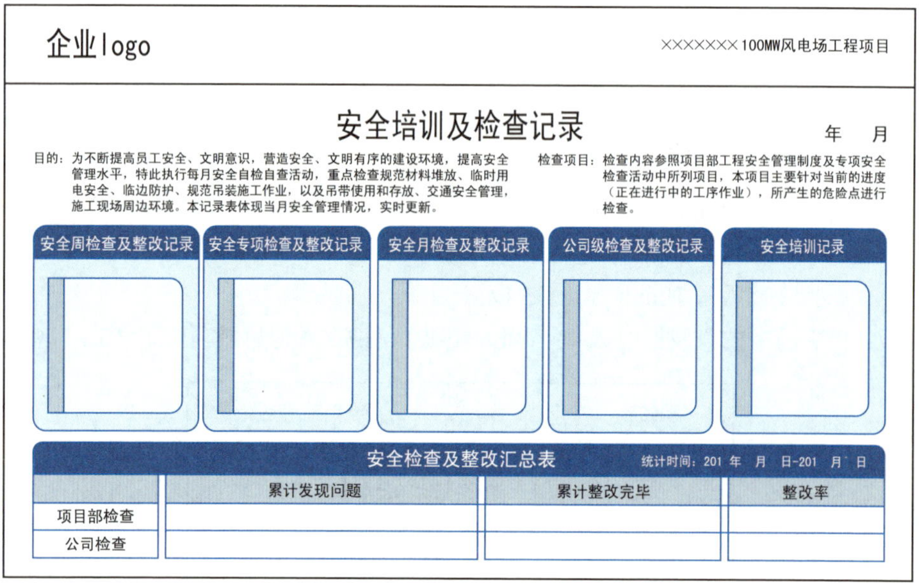

图 3－8　安全培训及检查记录

九、晴雨表及安全天数牌

（1）尺寸：2400mm×1200mm；10mm 厚 PVC 板。材质工艺：不锈钢宣传栏支架；印刷工艺：UV 平板印刷。要求晴雨表及安全天数牌中心点上墙张挂高度为 2m。

（2）制作说明：天气状态图标背胶喷绘，现场裁剪粘贴；制作晴、阴、雾、雨等天气对应气象符号各 100 枚；雪、雷阵雨各 50 枚（具体天气情况可结合项目当地的气象特点制作）。

（3）安全生产累计天数牌分布在整个标牌的右上角，建议为亚克力插卡盒子。安全生产累计天数中的数字 0～9 用相纸喷绘，为插卡式，方便数字插入。

（4）相关年份、月份各印两套与月份等大、字体相同的背胶喷绘，现场裁剪粘贴。

（5）标牌整体效果如图 3-9～图 3-11 所示。标牌内信息要与现场一致，做到及时更新。

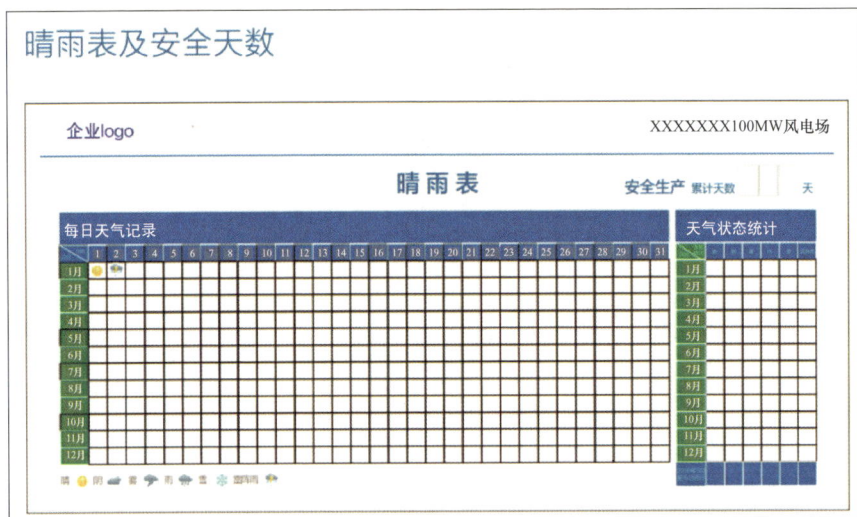

图 3-9 晴雨表及安全天数牌

图 3-10 晴雨表及安全天数牌组成信息大样

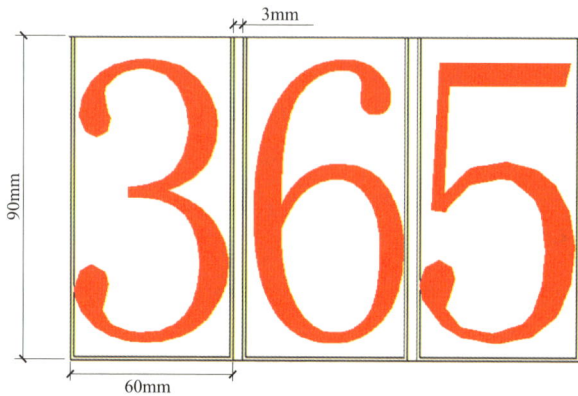

图 3-11　安全天数数字尺寸大样

十、消防平面布置图

项目现场消防平面布置图如图 3-12 所示。要求消防平面布置图中心点上墙张挂高度为 2m。

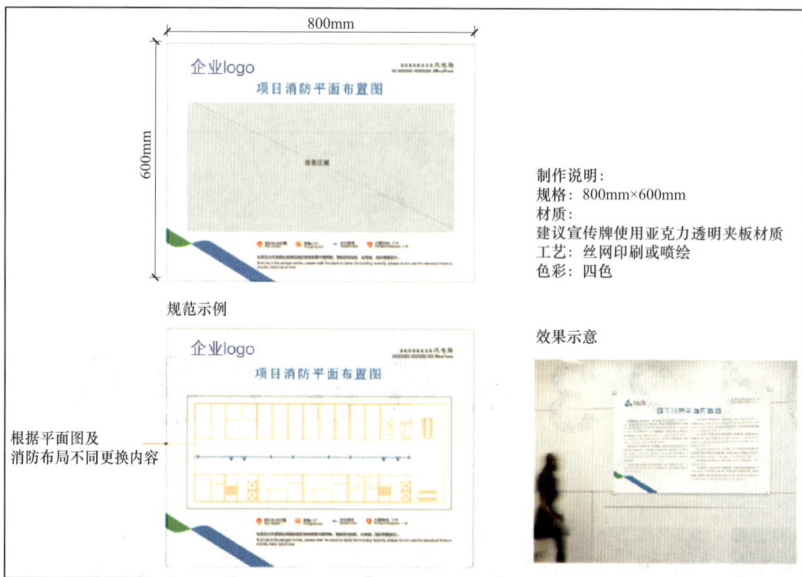

图 3-12　项目现场消防平面布置图

十一、办公室门牌

办公室门牌建议尺寸为 250mm×90cm（宽×高），用铝板或不锈钢拉丝板制作，门牌上的文字尽量精减。要求办公室门牌正贴于门上。办公室门牌如图 3-13 所示。

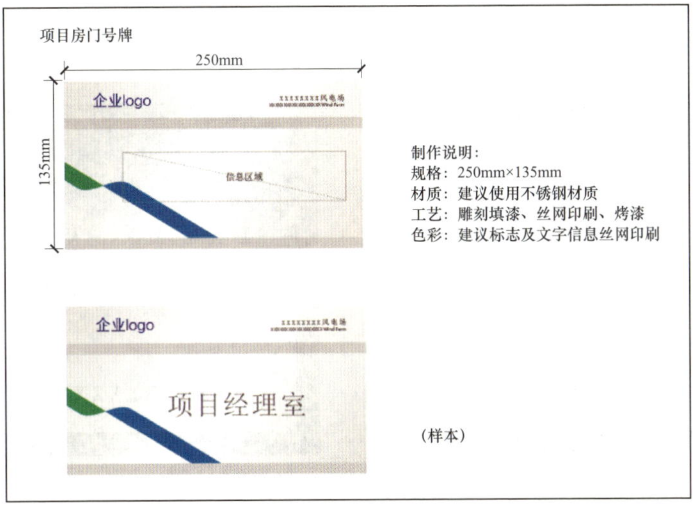

图 3-13　办公室门牌

十二、办公室图牌及标准化看板

（1）岗位职责、安全制度、安全文明施工标准化看板等信息牌参考尺寸为 600mm×850mm，如图 3-14 所示。要求看板中心点上墙张挂高度为 2m。

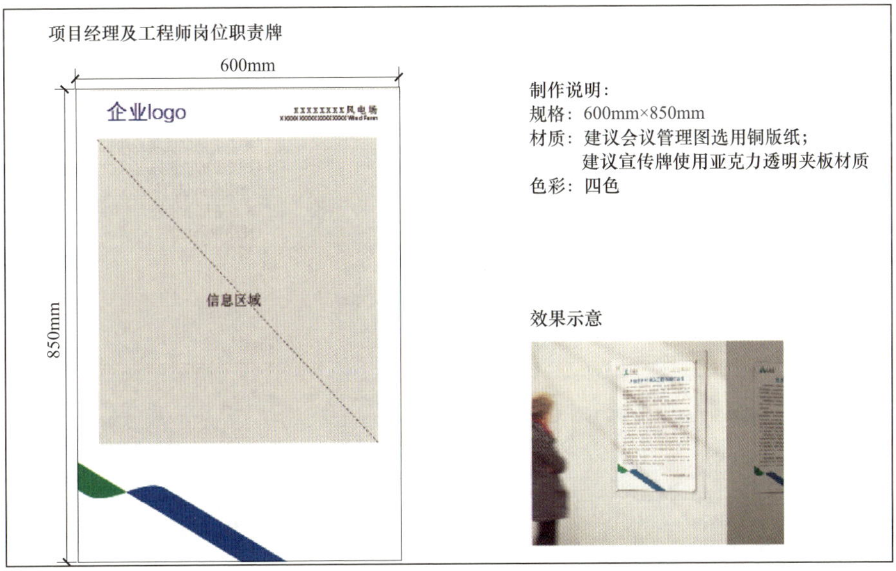

图 3-14　工作人员职责制度标牌

（2）使命、安全文化理念牌如图 3－15 所示。

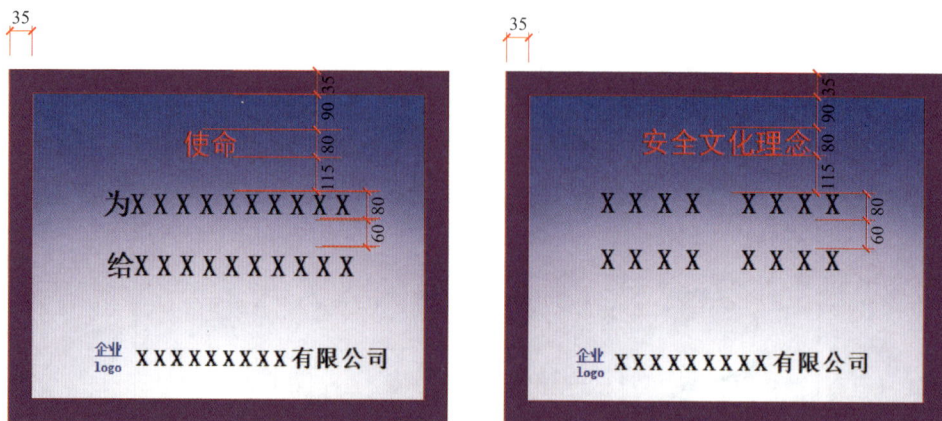

图 3－15　使命、安全文化理念牌（单位：mm）

十三、安全宣传栏

现场安全宣传栏分横、竖两种格式，用于宣传安全知识、项目动态安全信息等内容，如图 3－16 和图 3－17 所示。

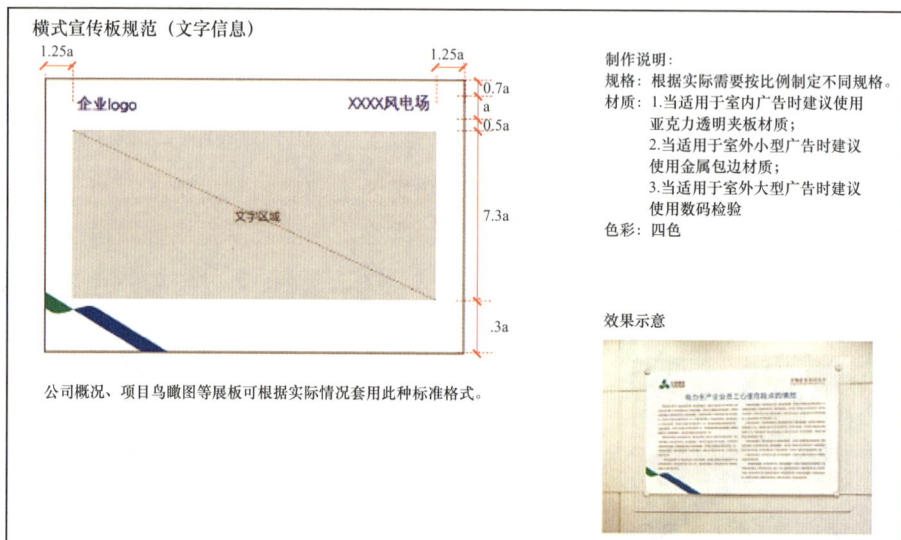

横式宣传板规范（文字信息）

企业logo　　　XXXX风电场

文字区域

公司概况、项目鸟瞰图等展板可根据实际情况套用此种标准格式。

制作说明：
规格：根据实际需要按比例制定不同规格。
材质：1.当适用于室内广告时建议使用亚克力透明夹板材质；
2.当适用于室外小型广告时建议使用金属包边材质；
3.当适用于室外大型广告时建议使用数码检验
色彩：四色

效果示意

图 3－16　横向宣传板

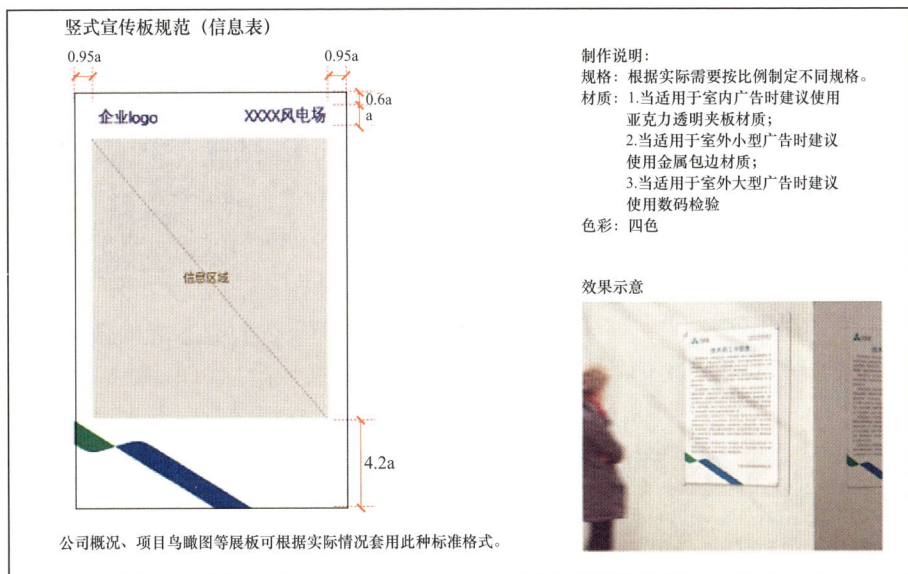

图 3-17 竖向宣传板

十四、生活区配置

（1）工程现场应配备适量的急救箱、垃圾筒，所配备急救物品每月应定期检查并留有检查记录，确保急救物品有效。所配物品如图 3-18 和图 3-19 所示。

图 3-18 垃圾筒

（2）配备专职医务人员（500 人以下不少于 1 名，500 人及 500 人以上不少于 2 名），也可与当地医疗机构资源共享。

（3）购置常用急救物品（CPR 口对口人工呼吸面罩、电子体温计、医用胶布、降温贴、速冷冰袋、创可贴、碘伏、绷带、医用纱布等）和氧气瓶、担架等常用应急医疗器械。暑期应编制防暑降温应急方案并每年暑期开始前组织现场相关方进行演练，按照高温要求执行防暑措施，确保人员生命安全。

图3-19　急救箱

十五、生活区标志

生活区标志建议尺寸为 145mm×210mm（宽×高），如图3-20和图3-21所示。

图3-20　生活区标志

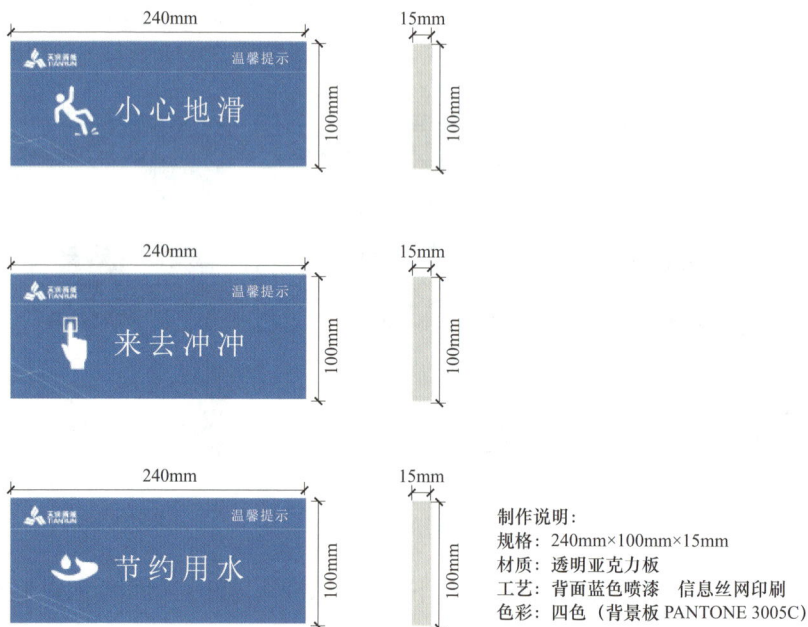

制作说明：
规格：240mm×100mm×15mm
材质：透明亚克力板
工艺：背面蓝色喷漆　信息丝网印刷
色彩：四色（背景板 PANTONE 3005C）

图3-21　生活区标志

十六、食堂管理

　　现场食堂应建立食堂卫生管理制度（见图3-22），厨师必须体检合格，食堂应定期进行消毒。

图3-22　食堂卫生管理要求

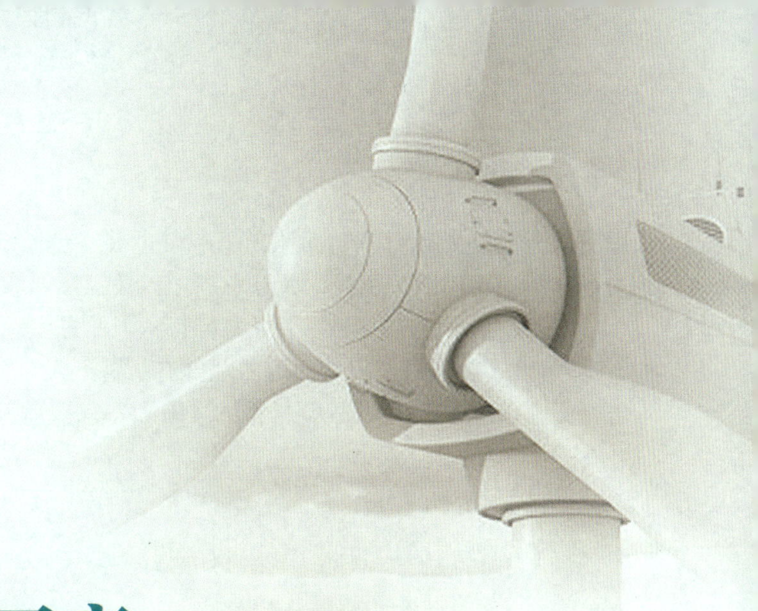

第四章

现场应急

一、应急准备

现场应急管理是现场安全管理的重要组成部分，应按照《中华人民共和国突发事件应对法》等相关法律法规要求和相关规定做好现场应急各环节工作，努力做到基础牢、预防早、损失少。项目开工前，要求成立以建设单位项目经理为组长的现场应急管理机构，编制现场安全事故应急预案，配备应急救援物资，并定期组织演练。

二、应急流程图

项目现场应急流程如图4-1所示。

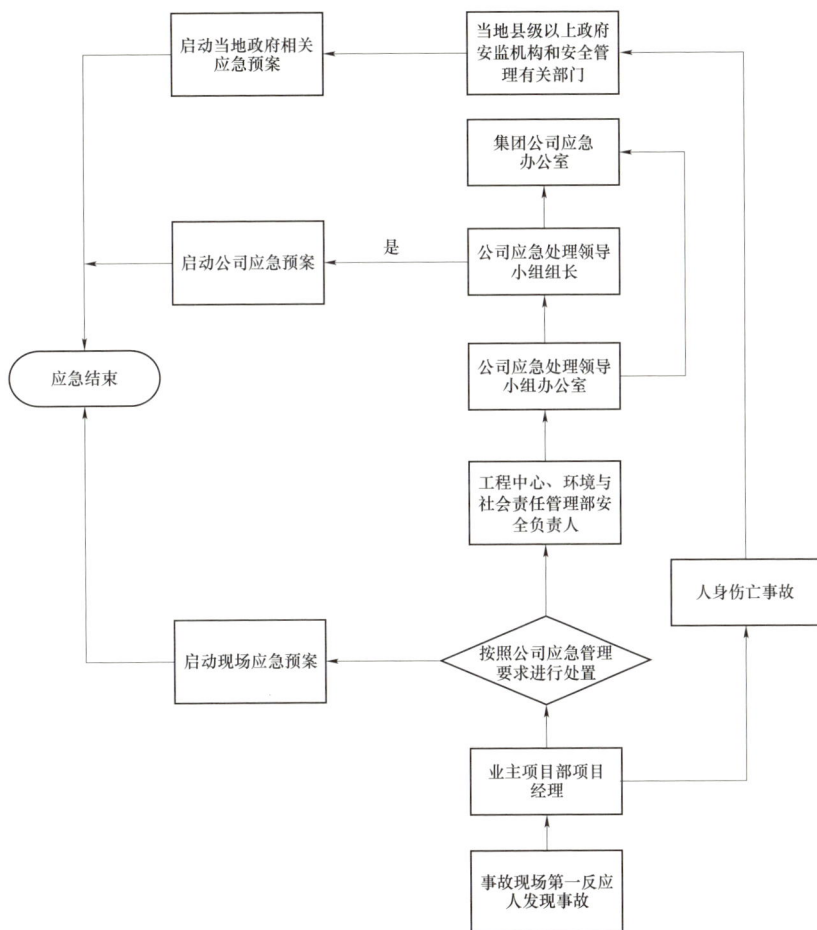

图4-1 项目现场应急流程图示例

第五章

事 故 调 查

一、要求

事故发生后应按照《事故调查处理规定》的要求成立事故调查处理工作组，开展事故调查处理。

二、事故调查处理流程

现场事故调查处理流程如图 5－1 所示。

三、事故调查报告模板（参考）

××××××××××有限公司

<u>　　　××××</u>事故调查报告书

1. 事故发生单位概况：

2. 事故发生时间：　　年　月　日　时　分
事故应急结束时间：　　年　月　日　时　分

3. 事故发生地点：

4. 事故发生时气象及自然条件情况：

5. 事故经过和事故救援情况：

6. 事故等级：

7. 本次事故伤亡情况：死亡_____人，重伤_____人，轻伤_____人。

8. 本次事故经济损失情况（包括直接经济损失和间接经济损失）：

9. 事故发生时不安全状态：

10. 事故发生时不安全行为：

11. 事故原因分析（包括直接原因、间接原因等）：

12. 事故性质：

13. 事故暴露问题：

14. 对事故的责任分析和对责任人的处理建议（包括责任人的基本情况、责任认定事实、责任追究的依据及处理建议）：

15. 防止事故再发生的措施，执行措施的负责人、完成期限，以及执行情况的检查人（还包括从技术和管理等方面提出的整改建议）：

16. 对相关人员及广大员工进行的培训教育情况：

事故调查处理流程

	集团公司	公司高管会议	中心/分公司、安全管理部门	中心/分公司	在建/运行电场
事故报告	集团公司安全管理部	按照要求报送集团公司安全管理部	向公司高管报告	接到事故报告后立即内向公司环境与社会责任管理部报告；造成人员死亡或重大安全事故应向当地安全管理部门报告 ①	开始 项目公司现场立即向工程中心报告并采取应急措施
二级以上死亡事故重大以上安全事故	根据情况可派员参加应急处理、事故调查	组成事故调查组开展事故应急处理和事故调查 ⑤ 按照要求审定事故调查报告，对重大安全问题做出决定并发布	④ 编制并提交对应事故调查报告；审定下一级事故调查报告		
一级死亡事故、重伤及以下、一般安全事故、一类障碍			根据情况可派员参加应急处理、事故调查	③ 中心/分公司按照要求开展事故应急处理和事故调查，编制并提交对应事故调查报告（公司审批发布）；审定下一级事故调查报告	
未遂事故及二类障碍			根据情况可派员参加应急处理、事故调查		② 事故现场负责人、兼职安全员、相关方人员组织开展事故调查 ⑥ 事故/事件调查结束

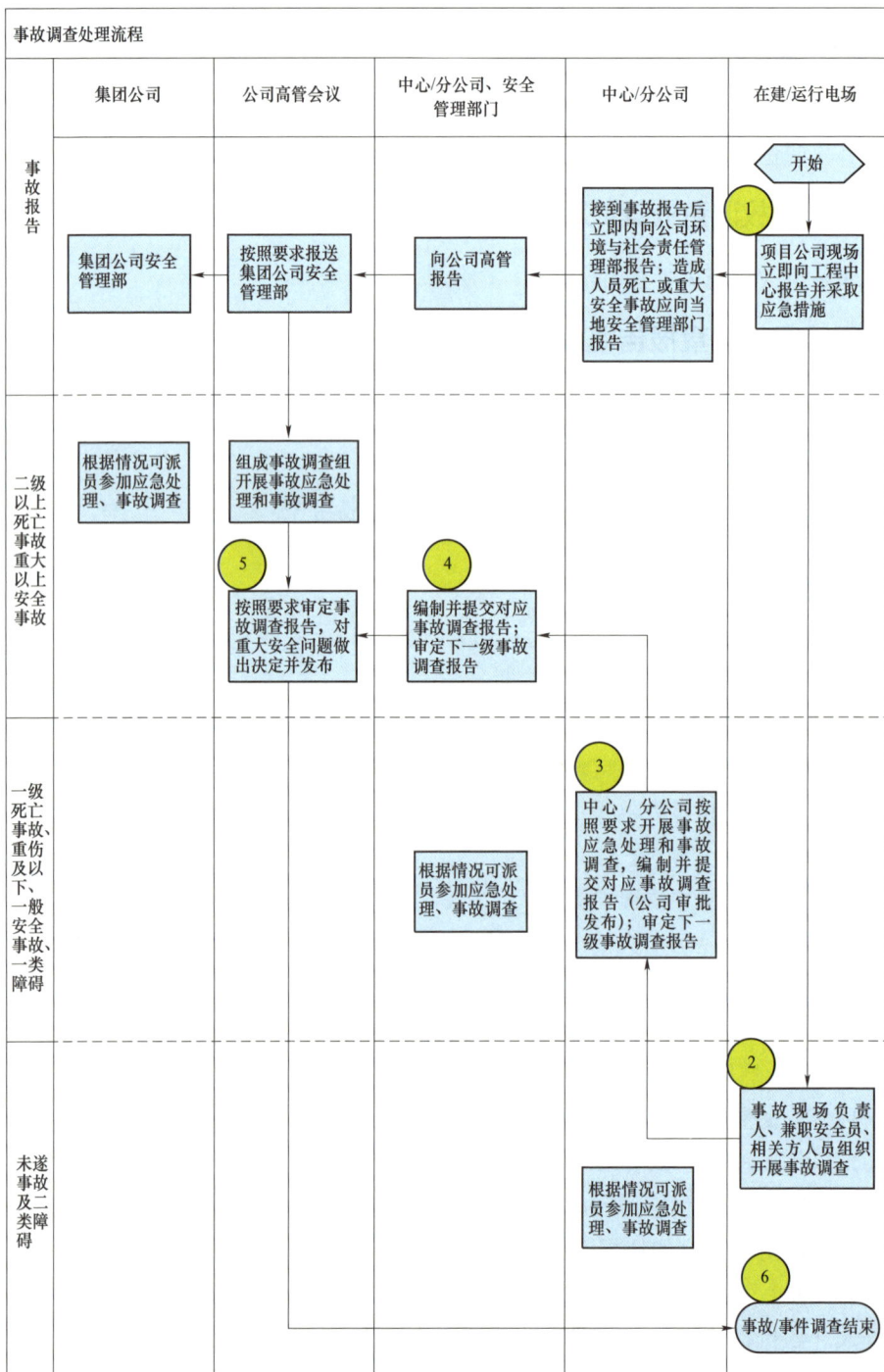

图5-1 现场事故调查处理流程（参考）

17. 事故调查组成员

序号	姓名	性别	职务	职称	所在单位/部门	联系电话	事故调查中担任职务	签名
1	…							

18. 人员伤亡登记表

序号	姓名	性别	年龄	本工种工龄	主管工作	工种	受过何种安全教育	伤害情况	伤害程度	伤残等级	附注
1	…										

19. 附清单

（1）事故现场平面图纸及有关照片、资料、原始记录、笔录、录像；

（2）事故发生时的气象资料、有关部门出具的诊断书、鉴定结论或技术报告；

（3）试验和分析计算资料、经济损失计算及统计表；

（4）成立事故调查组的有关文件、事故处理报告书、有关事故通报及简报；

（5）事故相关方责任单位、责任人的资质资格及相关材料；

（6）处分决定和受处分单位及责任人的检查材料等；

（7）对相关单位、人员处罚（罚款）、培训、教育记录。

20. 以上条款未涉及的本次事故其他相关信息。

事故调查组组长、副组长签名：

事故发生单位负责人签名：

年　月　日

第六章

安全文明
施工费用

安全文明施工费用应按照《企业安全生产费用提取和使用管理办法》的要求进行管理，具体步骤和要求如图6－1所示。

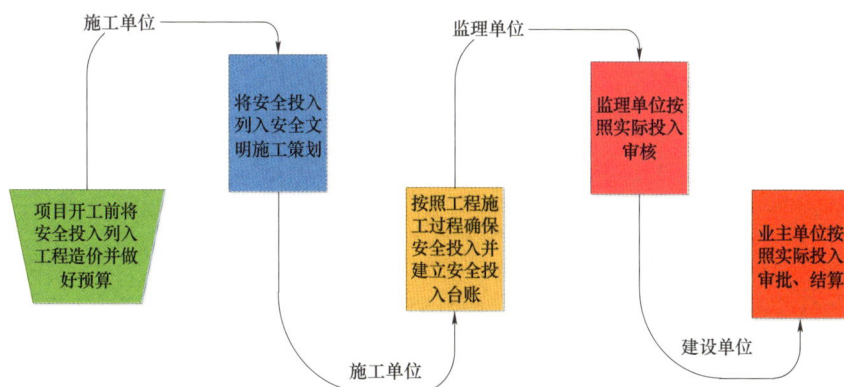

图6－1　安全文明施工费用实施流程

第七章

安全资料

一、安全资料管理制度

（1）施工现场安全资料应由相关单位、部门及安全责任人具体填写，并对记录的真实性负责。

（2）填写时应随工程进度及时整理，不得提前和迟后填写。

（3）资料填写应做到项目齐全，内容准确真实、字迹工整、手续完备、不得漏项。

（4）安全资料审查合格后由安全资料员签章归档。安全资料员对资料的真实性实行监督管理，并对资料的有效性、真实性负监督管理责任。

（5）项目安全资料的保管期限分为永久、长期、短期三种。长期保存为20年；短期保存为风电场运行240h以后3年。

（6）安全资料的陈设和归档如图7-1所示。

图7-1　安全资料的陈设和归档示意图

二、安全资料员岗位责任制

（1）应熟知国家及相关部委、省市、建设单位等部门对安全资料制作、施工现场安全检查、检测验收的标准、规范、规定和要求。

（2）按施工进度及时督促有关单位人员整理上报安全资料，内容应准确真实、信息齐全、手续完备、字迹工整清晰，并应认真及时归档分类；不弄虚作假，并对资料的完整性负责。

（3）负责资料管理、制作与动态更新并建立台账。

（4）负责工地安全资料签章入档，不合格资料严禁入选。

（5）参照《归档文件整理规则》，严格按安全资料管理制度的要求进行管理。

（6）完成上级交办的任务。

三、建设单位应具备的资料

建设单位应具备的资料如表 7-1 所示。

表 7-1　　　　　　　　　　　　　建设单位应具备的资料

序号	文件名称	建档时间	建档人	保存期限	备注
1	建设单位与参建各方签订的相关合同副本、安全协议书	项目开工前	项目经理/资料员	长期	
2	建筑工程消防设计防火审核意见书	项目开工前	项目经理/资料员	永久	
3	建筑工程消防验收意见书	工程结束	项目经理/资料员	永久	
4	工程准备期策划方案、工程施工期实施方案	项目开工前	资料员	长期	
5	建设项目安全设施"三同时"评价及验收报告	项目开工前	项目经理/资料员	长期	
6	建设项目职业病防护设施"三同时"评价及验收报告	项目开工前	项目经理/资料员	长期	
7	工程建设项目安全、文明施工总策划	项目开工前	项目经理/资料员	长期	
8	安全目标责任书	项目开工前	资料员	短期	
9	安委会成立、更新批准文件	项目开工前	资料员	短期	
10	安全会议记录	项目开工前、项目建设周期	资料员	短期	
11	安全培训记录	项目开工前、项目建设周期	资料员	长期	
12	安全检查、整改记录	项目建设周期	资料员	长期	
13	安全验收记录	项目建设周期	资料员	长期	
14	安全费用台账	项目开工前、项目建设周期	项目经理/资料员	短期	
15	应急预案及演练记录	项目开工前、项目建设周期	资料员	短期	

四、施工单位应具备的资料

施工单位应具备的资料如表 7-2 所示。

表 7-2   施工单位应具备的资料

序号	文件名称	建档时间	建档人	保存期限	备注
1	企业、人员资质	项目开工前、项目建设周期	项目经理/资料员	短期	
2	安全文明施工二次策划	项目开工前、项目建设周期	项目经理/资料员	短期	
3	安全管理人员登记表	项目开工前、项目建设周期	项目经理/资料员	短期	
4	安全施工措施交底记录	项目开工前、项目建设周期	项目经理/资料员	短期	
5	安全工作会议（例会）记录	项目开工前、项目建设周期	项目经理/资料员	短期	
6	新工人入场三级安全教育记录	项目开工前、项目建设周期	项目经理/资料员	短期	
7	安全教育培训记录	项目开工前、项目建设周期	项目经理/资料员	短期	
8	安全考试登记台账及记录	项目开工前、项目建设周期	项目经理/资料员	短期	
9	安全检查、整改记录	项目开工前、项目建设周期	项目经理/资料员	短期	
10	安全隐患整改回复单	项目开工前、项目建设周期	项目经理/资料员	短期	
11	施工机械进场报审表	项目开工前、项目建设周期	项目经理/资料员	短期	
12	施工机械进场验收表	项目开工前、项目建设周期	项目经理/资料员	短期	
13	特种作业人员登记台账	项目开工前、项目建设周期	项目经理/资料员	短期	
14	安全事故及奖惩台账	项目建设周期	项目经理/资料员	短期	
15	违章及罚款登记台账	项目建设周期	项目经理/资料员	短期	
16	安全工器具登记台账	项目建设周期	项目经理/资料员	短期	
17	安全工器具及设施发放、报废登记台账	项目建设周期	项目经理/资料员	短期	
18	安全工器具检查、试验登记台账	项目建设周期	项目经理/资料员	短期	
19	专项（消防、防暑降温、防汛、自然灾害等）应急预案演练记录	项目建设周期	项目经理/资料员	短期	
20	职工体检登记台账	项目开工前、项目建设周期	项目经理/资料员	短期	
21	施工机具安全检查记录表	项目开工前、项目建设周期	项目经理/资料员	短期	

序号	文件名称	建档时间	建档人	保存期限	备注
22	分包单位安全资质审查表	项目开工前、项目建设周期	项目经理/资料员	短期	
23	安全生产月、活动日记录	项目开工前、项目建设周期	项目经理/资料员	短期	
24	安全施工日志	项目开工前、项目建设周期	项目经理/资料员	短期	
25	安全罚款通知单	项目建设周期	项目经理/资料员	短期	
26	危险源辨识、风险评价和风险控制措施表	项目开工前、项目建设周期	项目经理/资料员	短期	
27	安全信息报表	项目建设周期	项目经理/资料员	短期	
28	安全文明施工费使用计划、实际台账	项目开工前、项目建设周期	项目经理/资料员	长期	
29	安全施工作业票记录	项目建设周期	项目经理/资料员	短期	
30	季节性施工安全方案	项目开工前、项目建设周期	项目经理/资料员	短期	
31	安全文件收发台账	项目开工前、项目建设周期	项目经理/资料员	短期	
32	电工安全职责及安全责任状	项目开工前、项目建设周期	项目经理/资料员	短期	
33	临时用电施工组织设计（方案）	项目开工前	项目经理/资料员	短期	
34	临时用电安全技术交底	项目开工前、项目建设周期	项目经理/资料员	短期	
35	临时用电验收表	项目开工前、项目建设周期	项目经理/资料员	短期	
36	漏电保护器运行测试记录	项目开工前、项目建设周期	项目经理/资料员	短期	
37	电气绝缘电阻测试记录	项目开工前、项目建设周期	项目经理/资料员	短期	
38	电气接地电阻测试记录	项目开工前、项目建设周期	项目经理/资料员	短期	
39	电工日常检查巡视记录	项目开工前、项目建设周期	项目经理/资料员	短期	
40	电工维修记录等	项目开工前、项目建设周期	项目经理/资料员	短期	
41	验收资料、应急管理资料等	项目开工前、项目建设周期	项目经理/资料员	短期	
42	有关安全健康规程、规定、计划、总结、措施、文件、简报、事故通报、法律法规及各类汇报报表等	项目开工前、项目建设周期	项目经理/资料员	短期	

五、监理单位应具备的资料

监理单位应具备的资料如表 7-3 所示。

表 7-3 监理单位应具备的资料

序号	文件名称	建档时间	建档人	保存期限	备注
1	企业、人员资质	项目开工前、项目建设周期	总监/资料员	短期	
2	监理合同、安全协议	项目开工前、项目建设周期	总监/资料员	长期	
3	监理规划大纲	项目开工前、项目建设周期	总监/资料员	短期	
4	安全监理制度及实施细则	项目开工前、项目建设周期	总监/资料员	短期	
5	监理安全责任制度	项目开工前、项目建设周期	总监/资料员	短期	
6	监理安全奖惩制度	项目开工前、项目建设周期	总监/资料员	短期	
7	监理安全培训制度	项目开工前、项目建设周期	总监/资料员	短期	
8	监理安全技术交底制度	项目开工前、项目建设周期	总监/资料员	短期	
9	监理安全例会制度及相关会议纪要	项目开工前、项目建设周期	总监/资料员	短期	
10	安全旁站制度及旁站记录	项目建设周期	总监/资料员	长期	
11	重大施工措施（方案）审查制度	项目开工前、项目建设周期	总监/资料员	长期	
12	工程分包、劳务分包和临时用工审查制度	项目开工前、项目建设周期	总监/资料员	短期	
13	施工安全审查、备案制度	项目开工前、项目建设周期	总监/资料员	短期	
14	安全事故报告制度	项目开工前、项目建设周期	总监/资料员	短期	
15	安全监理策划方案	项目开工前、项目建设周期	总监/资料员	短期	
16	安全整改通知单	项目建设周期	总监/资料员	长期	
17	安全交底记录	项目开工前、项目建设周期	总监/资料员	长期	

六、监测单位应具备的资料

监测单位应具备的资料包括监测大纲、记录、月报、季报、施工前后对比数据记录、施工建议等，其保存时间为短期。

参 考 文 献

［1］国家电力监管委员会. 电力工程建设项目安全生产标准化规范及达标评级标准. 北京：中国电力出版社. 2012，11.

［2］国家安全生产监督管理总局. AQ/T 9006—2010：企业安全生产标准化基本规范.

［3］黄红兵，等. 施工现场安全管理标准化图册. 北京：中国建筑工业出版社. 2012，04.

［4］中国建设教育协会继续教育委员会. 施工现场安全生产标准化管理. 北京：中国建筑工业出版社. 2016，02.

［5］国家能源局. NB/T 31106—2016：陆上风电场工程安全文明施工规范.

［6］国家质量监督检验检疫总局、国家标准化委员会. 企业安全生产标准化基本规范（GB/T 33000—2016）. 北京：中国标准出版社. 2016.12.

［7］李在卿. 风电场建设过程中的安全问题与对策. 现代职业安全，2014.11.

［8］李在卿. 风电场危险源识别与评价. 中国认证认可，2014.11.